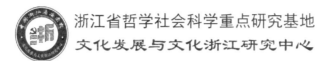

浙江省哲学社会科学重点研究基地
文化发展与文化浙江研究中心

浙江省普通本科高校"十四五"重点立项建设教材

家风密码

贾文胜 等著

ZHEJIANG UNIVERSITY PRESS
浙江大学出版社
·杭州·

图书在版编目（CIP）数据

解构家风密码 / 贾文胜等著. -- 杭州：浙江大学
出版社，2024.4（2025.5重印）
  ISBN 978-7-308-24820-4

  Ⅰ.①解… Ⅱ.①贾… Ⅲ.①家庭道德—中国 Ⅳ.
①B823.1

中国国家版本馆CIP数据核字（2024）第074591号

解构家风密码

JIEGOU JIAFENG MIMA

贾文胜　等著

策　　划	金更达
责任编辑	吴伟伟　陈佩钰
责任校对	赵　珏
封面设计	雷建军
出版发行	浙江大学出版社
	（杭州天目山路148号　　邮政编码：310007）
	（网址：http://www.zjupress.com）
排　　版	大千时代（杭州）文化传媒有限公司
印　　刷	杭州钱江彩色印务有限公司
开　　本	710mm×1000mm　1/16
印　　张	16.75
插　　页	6
字　　数	242千
版印次	2024年4月第1版　2025年5月第2次印刷
书　　号	ISBN 978-7-308-24820-4
定　　价	89.00元

岳王庙　浙江杭州

南宋岳飞被秦桧陷害，狱卒隗顺背负其遗体逃出临安城，葬之于北山。宋孝宗即位后，下诏为岳飞平反，将岳飞遗骸以一品官之礼改葬于杭州栖霞岭南麓。

董永公园　湖北孝感

相传东汉时期，董永卖身葬父，感动天女，为董永织锦抵债赎身，行至槐荫，债清天女凌空而去。槐荫由此改名为孝感。

题扇桥　浙江绍兴

东晋王羲之散步路过一座石桥，为卖扇老婆婆题扇，助其卖光了扇子。后来，人们为了纪念王羲之的这个善举，便把他为卖扇老婆婆题扇的这座石桥，取名"题扇桥"。

高以永故居　浙江嘉兴

　　清廉自守、勤政为民的高以永，浙江嘉兴竹林村人，曾言："得一官不荣,失一官不辱,勿道一官无用,地方全靠一官;穿百姓之衣,吃百姓之饭,莫以百姓可欺,自己也是百姓。"

孟母三迁祠　山东邹城

　　"昔孟母，择邻处，子不学，断机杼"，孟母在教育子女的过程中，注重为孩子营造一个良好的学习环境，教导孩子要认真学习。

回车巷　河北邯郸

　　战国时赵国上卿蔺相如为大将廉颇回车让路，故名"蔺相如回车巷"，是成语"负荆请罪"的发生地。

越王祠　浙江杭州

　　春秋战国时期，越王勾践审时度势，虽身处逆境却能以心智判断时机，勇于"卧薪尝胆"大败吴国。

拙政园　江苏苏州

明朝弘治年间，退朝隐居的王献臣在苏州耗费 16 年心血建造了名噪天下的拙政园，然而他的儿子染上赌博恶习，竟在一夜间豪赌输掉了拙政园。

六尺巷　安徽桐城

　　清朝康熙年间，面对邻居越墙造屋的行为，张英主动让地三尺。邻居深受感动，也让地三尺，形成六尺巷。

武侯祠　四川成都

　　蜀汉时期的丞相诸葛亮一生谨慎，为国家鞠躬尽瘁，百姓为纪念诸葛亮建立祠庙。

投豆亭　山东淄博

　　投豆亭得名于毕氏先祖毕木，这里是他当年投豆的处所。而之所以远近闻名，则是因为里面"黄豆记善、黑豆录恶"的自省之法。

《解构家风密码》序

　　中华民族有着 5000 多年的文明史，创造和传承下来极其丰富的优秀传统文化。随着时代社会的进步和实践教育的发展，我们需要很好地传承、创新、转化和弘扬优秀传统文化。"因为这是我们民族的'根'和'魂'，丢了这个'根'和'魂'，就没有根基了。"① 优秀家风不仅是传统文化的重要组成部分，也是传承文化和社会价值观的重要载体与途径。在生活方式与价值观都发生巨大变化的今天，家风文化传统的创新传承与转化，既可补充完善现代社会规范和道德准则，又可使个体更好地融入社会，为社会的和谐稳定和发展进步做出积极的贡献。

　　"建设优秀传统文化传承体系，弘扬中华优秀传统文化"，就要处

---

① 中共中央党史和文献研究院编：《习近平关于实现中华民族伟大复兴的中国梦论述摘编》，中央文献出版社 2013 年版，第 33 页。

理好继承和创新性发展的关系，重点是做好创新性转化。《解构家风密码》一书的独特价值在于对中华传统家风文化进行了创新性解构与转化。按照时代特点和要求，赋予家风文化传统以新的时代内涵和现代表达形式，激活其生命力，增强其影响力和感召力。贾文胜教授等将宏富的教育理念与深厚的学问素养凝聚于书中，理论阐释深入浅出、体系架构创新独特、语言文字通俗易懂。

全书思想内容浓缩为十一个字："忠、孝、悌、节、养、恕、勇、俭、让、慎、省。"这十一个字既蕴含着丰富而绵远的儒家道德思想准则，又体现出中华传统文化的精髓。这十一个字还涵盖了中国家风文化传统最全面、最核心的内容，将内外兼修的道德伦理转化为社会教育的实践内容。这十一个字也体现出家风文化传统对个体的励志与修身教育，从"内圣外王"这一儒家修身标准的最高境界延宕至当代人安身立命、为人处世的人生要义，并以此"解构优良家风形成的基因密码"，其意义深远，常读常新，在思想教育之余，值得再三揣摩与回味。

全书各章书写体例整饬统一，新颖独特，收放自如，既可凝练为一字，又可演绎成一篇；提纲挈领可建模型，洋洒千言又谱华章。具体表现为三个维度：

一是将抽象的中国哲学理论构建成具象的教育思想模型，简洁精炼，具体可感。为了更好地培育和传承优良家风，解构优良家风形成的基因密码，本书从传统家风研究的现实需求出发，以儒家"五常"和天人物我为理论依据，创新性地提出传统家风研究模型。这一家风研究模型的构想，集中诠释与展现了作为中华传统文化瑰宝的家风教育建设的价值与意义。

二是将古代伦常思想服务转变为当代日常家风教育，去芜存菁，与时俱进。随着历史的发展，对古代生活起到规范作用的儒家伦理规则不断延续下来，其中作为古代伦常实践之精华内容的家风文化传统，滋养

了一代又一代的中华儿女。作为中华优秀文化传统的家风传承教育，在当今社会的日常行为规范领域以及思想教育领域，显得尤为重要。

三是将繁缛枯燥的说教话语转化为鲜活生动的人物故事或生活片段，贴近日常，让人身临其境。正是这些记录在中国传统文化和文学经典中丰富的人物故事或日常生活片段，蕴含着家风教育的丰富价值，体现着家风教育的核心思想。人类由个体化组成群体化的社会生活场景，一定是出于对个体生命集体化的理想追求。在漫长的、对人类生活集体化追求的历史过程中，优秀家风代代延续与传承，本书呈现了许多鲜活生动的人物故事或生活片段，一改家风教育思想阐释的枯燥说教语言，在移情换景中潜入人心，达到浸润思想的教育目的。

《解构家风密码》一书不仅承载着对学校学生进行思政教育的功能，还承载着向广大读者传播家风传承故事、滋养精神情操的公众读物功能。一个个独特的家风传承故事，在纵横交织的创新书写中弘扬中华优秀传统文化，为读者带来了一份有滋有味的精神大餐。

习近平总书记讲得好："每一种文明都延续着一个国家和民族的精神血脉，既需要薪火相传、代代守护，更需要与时俱进、勇于创新。中国人民在实现中国梦的进程中，将按照时代的新进步，推动中华文明创造性转化和创新性发展，激活其生命力，把跨越时空、超越国度、富有永恒魅力、具有当代价值的文化精神弘扬起来，让收藏在博物馆里的文物、陈列在广阔大地上的遗产、书写在古籍里的文字都活起来，让中华文明同世界各国人民创造的丰富多彩的文明一道，为人类提供正确的精神指引和强大的精神动力。"①

在此意义上，《解构家风密码》一书把家风文化传承和现实文化发展有机结合起来，试图以立体多面的家风文化模型解决当代人的思想教

---

① 习近平：《论党的宣传思想工作》，中央文献出版社 2020 年版，第 68—69 页。

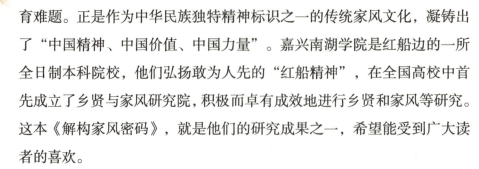

育难题。正是作为中华民族独特精神标识之一的传统家风文化，凝铸出了"中国精神、中国价值、中国力量"。嘉兴南湖学院是红船边的一所全日制本科院校，他们弘扬敢为人先的"红船精神"，在全国高校中首先成立了乡贤与家风研究院，积极而卓有成效地进行乡贤和家风等研究。这本《解构家风密码》，就是他们的研究成果之一，希望能受到广大读者的喜欢。

　　是为序。

张梦新

浙江大学教授、博士、博士生导师

嘉兴南湖学院乡贤与家风研究院名誉院长

2024 年 2 月 28 日

序

先人思悟写家风，后生寻继成栋梁。"家风"一词最早出现于西晋潘岳的《家风诗》，是指一家一族在长期的传承过程中积淀沿袭下来的、体现家族成员精神风貌和整体气质的日常生活准则或家庭伦理文化。家风深藏于家训、家规、家书等文献典籍之中，停留于宗祠、书院等老宅子的牌匾、梁柱之上，它凝聚着先辈们的人生经验，表达了先人对后代子女在言行举止、道德修养、人生追求等各方面的期盼和要求。

好家风乃传家之宝。一般来说，家风日盛之家，往往人才辈出、家族兴旺。"整齐门内，提撕子孙"是传统家风的目的所在。在古代，"国权不下县，县下惟宗族，宗族皆自治，自治靠伦理，伦理靠乡绅"，家风对伦理的有序和社会的稳定做出了巨大贡献。近代以来，中国社会结构剧烈变动，法治社会逐步取代伦理社会，家族式家庭逐步向小型化、独立化方向转变，传统意义上的家风在普通百姓的生活中慢慢消退。然而，鉴于家风对家庭延续和社会发展的重要性，当下重提家风、复位家风成为时代所需。正如习近平总书记所说："不论时代发生多大变化，不论生活格局发生多大变化，我们都要重视家庭建设，注重家庭、注重家教、注重家风。"①

作为一名高等教育管理者，我之所以关注家风研究，可以用"三求"来概述。

一是中央部署有要求。党的十八大以来，习近平总书记多次强调家风，从"小家"切入，着眼"大家"，将家风建设提升到培育和践行社会主义核心价值观的高度，纳入治国理政的大格局。② 因此，弘扬和传承优秀家风已经成为摆在我们面前一项迫切的理论和实践任务。

二是地方发展有需求。地方政府在推进家风文化建设中存在一些亟待解决的实践难题，如宗祠修缮缺少文化引领、家风传承缺少载体支撑、乡贤举事缺乏文化高度等，这些都需要高校参与其中，助力家风文化建设。

三是大学改革有诉求。当前，大学"三教"改革难以推进，关注地方经济社会发展流于表面，以项目为纽带的科研尚未形成。基于此，我牵头成立了国内首家乡贤与家风研究院，致力于地方文化、家族企业文化、乡贤文化、家风文化研究，希望以家风研究为突破口，推动教学改革，将论文写在田间地头，最终落实立德树人的根本任务。

家风研究之初，一直有三个问题萦绕在我心中：一是传统家风在内容上精彩纷呈、各具千秋，但它们都具有一些共通性、普遍性的道德要求，这些道德要求是什么？二是能否构建一个具有理论遵循和内在逻辑的传

---

① 中共中央党史和文献研究院编：《习近平关于全面建成小康社会论述摘编》，中央文献出版社 2016 年版，第 121 页。

② 《弘扬优良家风，推进新时代公民道德建设》，《光明日报》2021 年 5 月 14 日。

统家风研究范式? 三是如何在传统家风研究范式的基础上,实现传统家风的传承和创新性转化? 基于这些思考,我开始带领团队进行研究。

家风是家庭伦理和家庭美德的集中体现,更是社会主流价值理念在家庭场域的时空凝结。自汉以来,儒家文化成为中国的主流思想,追溯传统家风之来源,必求索于久远深厚的儒家文化。因此,我们完全有理由说,传统家风与儒家文化在道统上具有一致性,儒家文化是传统家风之根。

传承儒家文化,解构家风密码。为此,我们以儒家"五常"为理论遵循,以天人物我为内在逻辑,从于人、于己两条线路出发构建传统家风研究范式,即"1-11-33-99 范式"。此范式以 1 个"仁"为圆心,以忠、孝、悌、节、养、恕、勇、俭、让、慎、省等 11 个字为要义,结合时代发展,又将这 11 个字向外析出 33 个维度,每个维度又析出若干个点位,共析出 99 个节点。传统家风所有的元素以及古往今来千家万户的家训、家规,都可在这 11 字要义、33 个维度、99 个节点中找到对应的点位。同时,为了更好地推动传统家风的生活化传承,我们借助百余个耳熟能详的人和事,故事化述说传统家风,成风化人,将抽象的道德取向融入小故事,让家风可感知、有人懂、日常用。

在整个家风研究过程中,我深切感受到:家风看不见、摸不着,却可以实实在在地被感知;家风说不清、道不明,却可以真真实实地被传承;家风教不尽、学不完,却可以完完全全地被弘扬。

最后,需要强调的是,我们提出的传统家风研究范式只是一种探索式尝试,系一孔一隅之见,挂一漏万之处必定不少,还望读者朋友海涵,亦欢迎斧正和交流。

贾文胜

2024 年 2 月 26 日于嘉兴　　　序

目录

上　部

忠：天下至德，莫大乎忠　　　　　　　　　　　　　024

　　"忠"字内涵可以分为三个层次：忠于国家，即对国家、人民忠诚无私，表现为先国后家、舍生取义、立国谋人；忠于组织，即对组织忠诚不二、永不背叛，表现为从信、从精、从勤；忠于职业，即对职业、工作兢兢业业、尽心竭力，表现为循性、循律、循恒。

孝：动天之德，莫大于孝　　　　　　　　　　　　　049

　　"孝"字内涵可以分为三个层次：敬孝之道，即子女要敬父母双亲，表现为事亲、乐亲；和孝之道，即营造和睦和谐的家庭氛围，以此来表达对父母的孝，表现为和道、和理、和情；继孝之道，即父母故去后，子女存续"孝道"，表现为铭继、存继、志继。

悌：兄友弟恭，爱传万家 061

"悌"字内涵可以分为三个层次：孝悌，即兄友弟恭孝父母，表现为敬上爱下、共孝共养、门庭共扶；忠悌，即忠信守义交良朋，表现为守诺、守口、守心；仁悌，即兼济天下泛爱众，表现为博爱、济困、行善。

节：砥节砺行，方圆有道 080

"节"字内涵可以分为三个层次：礼节，即一个人外在的呈现，是一个人立世的基础，表现为生活礼节、事务礼节、节庆礼节；气节，即一个人内在的品质，是一个人做人的高尚品格操守，表现为君节、廉节、贞节；中节，即一个人为事的精神，中庸之道，为事至宝，表现为谋事要实、创业要实、做人要实。

养：生而养之，养而教之 103

"养"字内涵可以分为三个层次：养体，即对孩子体格与体能方面的养育，表现为食养、训养；养智，即对孩子知识和智力方面

的培育，表现为蒙养、师养、染养；养德，即对孩子品德方面的教育，表现为教养、礼养、行养。

恕：己所不欲，勿施于人　　　　　　122

　　"恕"字内涵可以分为三个层次：利益之恕，即因追求合理之利欲而产生冲突的要恕，表现为各为其主尽忠可恕、各谋其利合理可恕、各护其爱执中可恕；习惯之恕，即因风俗习惯迥异相悖产生的冒犯要恕，表现为风俗不同冒犯可恕、礼节不同争执可恕；过错之恕，即不计人过，持宽大的心态，不过分苛责，表现为知错能改虽犯可恕、直言规谏虽过可恕、认知不同虽咎可恕。

下 部

勇：仁者不忧，勇者不惧　　　　　　142

　　"勇"字内涵可以分为三个层次：勤勇，即力行之勇，坚持不懈付诸行动，表现为勤学、勤思、勤为；智勇，即用心处世，善断豁达，表现为智断、智处、智挫；谋勇，即顺势而为，谋定行至，表现为谋势、谋略、谋气。

目
录

俭：静以修身，俭以养德

"俭"字内涵可以分为三个层次：节俭，即物质上的节省，表现为食俭、用俭、仪俭；约俭，即精神上的自我约束、克己约身，表现为惜时、节欲、节怒；谦俭，即人际交往中的不卑不亢，谦逊有礼，表现为对上尊、对下谦、对平让。

让：礼让成风，和美大同

"让"字内涵可以分为三个层次：谦让，即安于人后，不与人争先，把大的利益让给别人，表现为序让、利让；忍让，即屈以为伸，甘心忍受屈辱，表现为忍让语言的挑衅、忍让不公的待遇、忍让行动的屈辱；推让，即推却本来可以得到的东西，辞让本来属于自己的地位，表现为辞让、贤让、隐让。

慎：敬始慎终，行稳致远

"慎"字内涵可以分为三个层次：慎初，即在为人、处事之时，迈好第一步，表现为慎染、慎友、慎微；慎独，即在不被他人所察的独处时，谨慎行事、表里如一，表现为慎权、慎利、慎顺；慎为，即应三思后行，有所为，有所不为，表现为慎为师、慎为事。

省：见贤思齐，修德自省 226

"省"字内涵可以分为三个层次：为人、处事见自省，即在处理与他人的关系（忠、孝、悌、节、养、恕）、与自己的关系（勇、俭、让、慎）中，要及时自我反思，表现为忠省、孝省、悌省、节省、养省、恕省、勇省、俭省、让省、慎省；交友之道需自省，即在交朋友时要常常反思，表现为近益友、远损友。学习进取多自省，即在精进学问中反省，表现为温学、精学。

绪　论

　　家风是一个家庭或家族世代相传的道德准则和处世方法，是在长期生活实践中不断形成的家庭文化。优秀家风是一种无形的力量、一种无言的教育、一部无字的典籍，它影响着我们的心灵，塑造着我们的人格。

　　家风由"家"和"风"共同组合而成。从字源上看，"家"是会意字，"宀"表示与房屋内室有关，"豕"表示在屋子里养猪，本意是屋内、住所，是维持生计的固定场所，具有一定的权威性与秩序性，引申为家庭、人物等。"风"的繁体字为"風"，为形声字，从虫，凡声，以示风动虫生之义，即风一吹来，宇宙的生物就生长了，是由空气流动引起的一种自然现象，引申为风行、风气、教育、感化，具有无形、无色、可感、可测等特点。从词源上看，"家风"一词最早出现于西晋潘岳的《家风诗》，其诗曰："绾发绾发，发亦鬓止。日祗日祗，敬亦慎止。靡专靡有，受之父母。鸣鹤匪和，析薪弗荷。隐忧孔疚，我堂靡构。义方既训，家道颖颖。岂敢荒宁，一日三省。"当时的西晋文学家夏侯湛，将《诗经》中有目无文的六篇"笙诗"，补缀以成《周诗》，送给潘岳看。潘岳读了以后，认为这些诗篇不仅古朴雅致，还能体现孝悌的本性，因此写了《家风诗》，通过歌颂祖德、称美自己的家族传统来自我勉励。由此算起，家风这一概念至今已有1700多年的历史，一直流淌在中国人的文化血脉里。

家风中最基础的要素是家，核心是培育。家国同构、家国一体，是中国社会的组织特征。家庭是我们梦想启航的地方，每一个小家庭的家风汇聚成中华民族大家庭的家风，乃至每个单位、每个组织，都有自己的"家风"。习近平总书记指出，"我们要重视家庭文明建设，努力使千千万万个家庭成为国家发展、民族进步、社会和谐的重要基点，成为人们梦想启航的地方"。"无论时代如何变化，无论经济社会如何发展，对一个社会来说，家庭的生活依托都不可替代，家庭的社会功能都不可替代，家庭的文明作用都不可替代。"①优秀家风中蕴含的尊老爱幼、勤俭持家、知书达理、邻里团结、遵纪守法等中华民族传统美德，已铭刻在我们的心灵中，融入我们的血脉里，成为中华民族生生不息的重要精神力量。在中国人的观念中，"欲治其国者，先齐其家"，齐家是治国的起点，家是国的缩小，国是家的放大。如果能将家庭治理好，推而广之，就为治理好国家奠定了基础。在实现中华民族伟大复兴的进程中，秉持家国同构、家国一体的传统，充分挖掘家庭家教家风在国家发展、民族进步、社会和谐中的基点作用，让个人、家庭与国家同向而行、同步发展，意义重大。

家风中最关键的要素是风，核心是传承。家风主要表现为家族代代

---

① 中共中央党史和文献研究院编：《习近平关于注重家庭家教家风建设论述摘编》，中央文献出版社2021年版，第3页。

恪守的家训家规，一个词、一句话、一个故事、一段记忆，都是家风的载体。诸葛亮诫子"静以修身，俭以养德"，岳母刺字激励"精忠报国"，朱子家训"一粥一饭，当思来之不易；半丝半缕，恒念物力维艰"，这些蕴含着家庭教育智慧的家风文化，在新时代仍然具有重要价值。习近平总书记曾语重心长地指出，"毛泽东、周恩来、朱德同志等老一辈革命家都高度重视家风。我看了很多革命烈士留给子女的遗言，谆谆嘱托，殷殷希望，十分感人"①。毛泽东同志曾为亲情立下"三原则"；周恩来同志用"十条家规"告诫进京做事的亲属"完全做一个普通人"；焦裕禄不让孩子"看白戏"，将票款如数交给戏院；孔繁森扶贫济困时出手大方，对妻子女儿却显得"小气"……无数革命家和众多优秀共产党员的良好家风，为我们涵养良好家风做出了榜样。

传承优秀家风有助于我们凝聚情感、涵养德行、砥砺成才。优良家风始终铭记在中国人的心灵中，"修身齐家治国平天下"更是融入中国人的血脉里，成为激发中华民族生生不息、薪火相传的重要精神力量。从《颜氏家训》《朱子家训》到《曾国藩家书》《钱氏家训》，这些优良家风的教诲，成就的是我们熟知的大家。好家风中的家国情怀和奋斗初心形成了干事创业的正确导向和良好氛围。中国共产党历来重视优良家风的传承。习近平总书记要求："各级领导干部特别是高级干部要继承和弘扬中华优秀传统文化，继承和弘扬革命前辈的红色家风，向焦裕禄、谷文昌、杨善洲等同志学习，做家风建设的表率，把修身、齐家落到实处。"②

① 中共中央党史和文献研究院编：《习近平关于注重家庭家教家风建设论述摘编》，中央文献出版社 2021 年版，第 24 页。

② 中共中央党史和文献研究院编：《习近平关于注重家庭家教家风建设论述摘编》，中央文献出版社 2021 年版，第 25 页。

绪
论

家风是中华优秀传统文化的重要精神力量。习近平总书记在文化传承发展座谈会上，不但指出中国文化源远流长、中华文明博大精深，更开创性地提出在 5000 多年中华文明深厚基础上开辟和发展中国特色社会主义，把马克思主义基本原理同中国具体实际、同中华优秀传统文化相结合是必由之路。① 追溯传统家风之来源，必求索于久远深厚的儒家文化。以儒为宗的中国文化之所以延绵数千年而未有中断，与古代家庭家风教育紧密相关。家风的思想内涵、价值取向以儒家文化为坐标轴和参照系，家族规约的制定者以此规范家庭成员的行为，形成稳定的家风和文化心理，将其转化为一种生活共同体的自觉行动，展示了儒家精神内涵的合理性，从而传播儒家思想的精髓。

　　传统社会里，儒学精英文化与民间文化有着共同的基因，儒学礼教及其中所涵盖的伦理早已融入市民大众的日常生活。文化精英的垂范教化在家族社会以家风家训的形式得以传承。作为传统文化的载体，家风文化是儒家精英文化深刻内涵的通俗化表达，使儒家伦理从书斋走向社会，逐渐发展为全民的文化认同，积淀在民族文化心理的底层。儒家关注的焦点，在于理智和文明基础上的人与人相处的社会。孔子所倡导的道德观念有很多，如我们耳熟能详的仁、义、礼、智、信等。仁、义、礼、智、信经过孔子的阐释、发挥和倡导，成为儒家的重要道德范畴，也就是我们经常提起的"五常"。

　　为了更好地培育和传承优良家风，解构优良家风形成的基因密码，我们从传统家风研究的现实需求出发，以儒家"五常"和天人物我为理论依据，创新性地提出传统家风研究范式。我们认为，作为恒常不变道德规范的"五常"，在中华文明几千年的历史发展中，作为为人的道德

---

① 习近平：在文化传承发展座谈会上的讲话，https://www.gov.cn/yaowen/liebiao/202308/content_6901250.htm。

准则，已然渗透进民族文化心理、观念、思维的底层结构中，成为我们的"文化身份"，体现着独特的价值取向和人生态度。

儒家"五常"是为人的道德遵循和修身处世之道，其核心还要明晓"天人物我"之理。张居正《论语直解》道："孔子说：'君子修身处世，其道固不止一端，然其要只在于天人物我之理，见得分明而已。'"君子修身处世之道不止一端，但究其核心，还在于"天人物我"之理。中国哲学在区分天人物我之后，肯定人与自然的统一，争取社会的稳定、人际关系的和谐与秩序化，追求天、地、人、物、我之间关系的和谐化。处理好人与世界、他人、自己之关系，才能真正成就理想的"君子之德"。

古往今来，要成为有用之人、受到认可的人，尤须处理好两个关系：一是与他人的关系，一是与自己的关系。

"于人"包括与国家（忠）、与父母（孝）、与兄弟姐妹（悌）、与配偶（节）、与孩子（养）、与其他人（恕）的关系。忠、孝、悌、节、养、恕是人稳扎于世的土壤根基。"于己"要做到"勇、俭、让、慎、省"，勇、俭、让是与自己的对话，以什么样的态度面对生活；慎、省是要有自觉的道德意识。不惧（勇）、约束（俭）、包容（让）、严谨（慎）、反思（省），分别对应人的精神、意志、心态、思维与境界。处理好"于人"与"于己"的关系，即实现了儒家文化所追求的理想人格。

传统家风以儒家"五常"为理论遵循，以天人物我为内在逻辑，以家训、家规、家谱和宗约等为载体。为此，本书以儒家"五常"为核心，从于人、于己两条线路出发构建传统家风研究范式，即"1-11-33-99范式"。此范式以 1 个"仁"字为圆心，以忠、孝、悌、节、养、恕、勇、俭、让、慎、省 11 个字为要义，结合时代的发展，又将这 11 个字向外析出 33 个维度，每个维度又析出若干个点位，共析出 99 个节点。"仁"是儒家文化的核心，忠、孝、悌、节、养、恕、勇、俭、让、慎、

省 11 个字既指向"仁"，又囊括了我与他人、我与自己的所有关系，传统家风所有的元素，古往今来千家万户的家训、家规，都可在这 11 个字、33 个维度、99 个节点中找到对应的点位。

一、于人：忠、孝、悌、节、养、恕

古往今来，要成为有用之人、受到认可之人，就需处理好两个方面的关系：一是与他人的关系，二是与自己的关系。与他人的关系中，"我"于国家要"忠"，于父母要"孝"，于兄弟姐妹要"悌"，于配偶要"节"，于孩子要"养"，于他人要"恕"。忠、孝、悌、节、养、恕是人稳扎于世的土壤根基，是"我"与他人形成良好关系的强力黏合剂。

（一）忠

忠，"天下至德，莫大乎忠"。孔子非常注重"忠"，将"忠"列为"四教"（文、行、忠、信）之一。曾子强调："忠者，德之正也。"忠德在行为上的表现主要是诚、尽、公。《左传》言："外内倡和为忠。"《国语·周语上》云："考中度衷，忠也。""外内倡和""考中度衷"表达的就是诚之忠德。《论语》载："君使臣以礼，臣事君以忠。""事君"意指"臣子办理君主规定的职责范围内的事，应当尽心竭力"。"公家之利，知无不为，忠也"，强调的是"公"之忠德。

忠德在对象上主要是对国家忠，对组织忠，对职业忠。一个人最大的忠就是忠于国家。习近平总书记 2018 年 5 月 2 日在北京大学师生座谈会上说："爱国，是人世间最深层、最持久的情感，是一个人立德之源、

立功之本。"①忠于国家，需要有一种先国后家、舍小家为大家的家国情怀，如大禹的"三过家门而不入"；忠于国家，需要有一种舍生取义、杀身成仁的大无畏精神，如秋瑾的英勇就义，李大钊、方志敏等的为理想献身；忠于国家，需要有一种立国谋人、将个人理想追求融入国家发展的爱国主义精神，如孙中山的弃医从政、鲁迅的弃医从文等。

人是社会中的人，有组织归属。忠于组织体现在从信、从精、从勤三个层面。从信，即对组织要有坚定信念、永不背叛的忠诚，如身在曹营心在汉的关羽；从精，即对组织要有练就过硬本领、担当重任的能力，如闻鸡起舞的祖逖、刘琨；从勤，即对组织要有兢兢业业、乐于奉献的精神，如"一沐三捉发，一饭三吐哺"的勤政思贤的周公。

一个人立于国家、安于组织之外，还需要谋于职业，谋职也贵在忠。忠于职业，要循性，即在工作中要兴趣相投、爱岗敬业、知行合一，如创作《天工开物》的宋应星；忠于职业，要循律，即在工作中要善于总结找规律、善于发现找问题、善于创新找方法，如发明锯子的"中国木匠鼻祖"鲁班；忠于职业，要循恒，即在工作中要孜孜以求、坚忍不拔、持之以恒，如王羲之之子王献之练字的故事。

忠于国家，即要先国后家、舍生取义、立国谋人；忠于组织，即要从信、从精、从勤；忠于职业，即要循性、循律、循恒。一个人如果能做到以上忠德，则必定会是一个内心安宁、充盈、幸福之人，是社会所要、国家所需之栋梁。

（二）孝

"百善孝为先"，孝是中国文化的重要组成部分。《诗经·蓼莪》

---

① 习近平：《在北京大学师生座谈会上的讲话》，人民出版社 2018 年版，第 11 页。

写道："父兮生我！母兮鞠我！拊我畜我，长我育我；顾我复我，出入腹我。欲报之德，昊天罔极！"报父母的养育之德，即是"孝"。《说文解字》记载："孝，善事父母者。从老省，从子，子承老也。"子承老，即为孝。子如何"承老"以尽孝？"敬孝""和孝""继孝"是"承老"以尽孝的关键词。

孝的第一层体现是敬孝。《论语·为政》："盖犬马皆能有养，不敬何以别乎？"《孝经》曰："孝子之事亲也，居则致其敬，养则致其乐。"敬孝之道包括事亲与乐亲。事亲，即子女以虔敬之心对父母在物质上尽心赡养，在行动上尽心照顾，如子路的借米事亲。乐亲，即子女孝敬父母，使父母心情愉悦。汉蔡邕《陈留太守胡公碑》曰："孝于二亲，养色宁意。""养色宁意"即"乐亲"之意，如东汉黄香的孝父乐亲。

孝的第二层体现是和孝。家和万事兴，"天道酬勤、人道酬诚，家道酬和"。和孝包括孝道、孝理与孝情。孝道，指家庭成员之间在家庭生活中、家庭事务中遵循儒家五常之道，从而使家庭和睦，以此方式来显孝。孝理，即对父母要行中正之礼，循温和之情，从而使家庭和谐融洽，其乐融融。孝理的重点在于谏亲，即当父母有错误时，以恭敬、委婉、含蓄的方式指出其错误。清朝名儒刘沅在其《家言》中强调："父母有过，阿意曲从，反为大不孝。若有大过，必委曲解救，毋使其事毁德。"孝情，即能与父母共情，能换位思考父母的处境，从而能更好行孝。

孝的第三层体现是继孝。继孝包括铭继、存继与志继。铭继，指子女将父母的教诲之语整理成家训以铭记、遵守、践行，如《庭训格言》就是康熙皇帝在日常生活中对子孙们的训诫，由雍正皇帝于雍正八年（1730）追述编辑而成。存继，指的是通过自身对长辈的孝敬来引导、教育子女对孝的传承，如陈侃孝敬父母的孝行被陈氏整个家族引为典范，后代子孙人人效法，"至孝事亲世颂扬，子孙代代仰遗芳"。志继，指的是对父母的遗志进行继承，秉承遗志，显亲扬名。汉朝桓宽在《盐铁论·孝养》中提到上孝为养志，其次为养色，再次为养体。司马迁克服困难、忍受耻辱，以一己之力完成了中国历史上具有划时代意义的鸿篇巨制《史记》，就是为了实现其父司马谈的遗志。

事亲、乐亲以敬孝；和道、和理、和情达和孝；铭继、存继、志继以继孝。敬孝、和孝、继孝以行孝，使孝得以具化。

（三）悌

悌，《说文解字》曰："善兄弟也。"悌原本表示哥哥对弟弟的关心、爱护，后扩展到兄弟姐妹间的互助互爱，再到朋友间的友爱，乃至人世间的仁爱。悌的内涵包括孝悌、忠悌、仁悌三个层次，从兄弟姐妹间行"孝悌"演绎到朋友间行"忠悌"，最后演绎到人与人之间行"仁悌"。

孝悌，兄友弟恭孝父母。《弟子规》言："兄道友、弟道恭，兄弟睦，孝在中。"兄友弟恭即为悌，悌而睦，睦而孝。"行悌尽孝"表现在敬上爱下、共孝共养、门庭共扶。"敬上"是弟弟妹妹对哥哥姐姐恭敬有礼，而"爱下"是哥哥姐姐对弟弟妹妹悉心爱护。"共孝"体现在对父母赡养上，兄弟姐妹齐心协力共孝父母，"共养"则是把兄弟姐妹的孩子当作自己的孩子抚养，既能为兄弟姐妹分忧解难，也能让自己的父母感到欣慰。门庭共扶，即源自同一祖先的家族成员团结和睦、互济互爱。

忠悌，忠信守义交良朋。"悌"从兄弟姐妹间的相互扶持，友爱恭敬，延伸到交友上，朋友之间如兄弟一样情同手足，感情深厚。没有血缘为纽带的朋友，联结他们感情的纽带就是守诺、守口、守心。守诺，即信守承诺。维系朋友间的友谊，离不开信守承诺，特别是对待朋友托付给自己的事情，要尽心尽力地去做。守口，即为朋友保守秘密。很多牢不可破的友谊，是因为彼此间忠诚，甚至能牺牲自己的生命为对方守护秘密。守心，即与朋友赤诚相待。真正的朋友是你遇到困难时能挺身而出、拔刀相助的，唯有这种以心相交的友谊，感情才可长久。

仁悌，即兼济天下泛爱众。"四海之内皆兄弟"，将"悌"延展到天下，爱天下人，是最大最广的"悌"，博爱、济困与行善蕴含其中。"老吾老，以及人之老；幼吾幼，以及人之幼"，说的就是从对自己家人的敬爱、关爱扩展到对天下所有人的博爱之精神。济困，即对素不相识的人在危难之时给予帮助，这是将兄弟姐妹间的互相扶持，延伸到对他人的扶弱济困、扶危济困。《孟子·尽心上》："穷则独善其身，达则兼济天下。"兼济天下是一种行善，行善以爱世人，《易》言："积善之家必有余庆。"

家庭里，敬上爱下、共孝共养、门庭共扶是孝悌。朋友间，守诺、守口、守心显忠悌。人世间，博爱、济困、行善为仁悌。孝悌、忠悌、仁悌使世间美好、温暖、温馨。

（四）节

《说文解字》载："節，竹约也。"段玉裁注曰："约，缠束也。竹节如缠束之状。"由此可见，节的本义为"竹约"。"节"有众多的引申义，而与为人处世有关、具有丰富文化内涵的引申义是"礼节""气节""中节"。

孔子说，克己复礼就是仁。克制自己，使自己的言行举止合乎礼节就是仁。"礼节"是一个人外在的呈现，是一个人立世的基础。"礼节"无处不在，落实到日常生活、待人处事以及节日节庆上而形成生活礼节、事务礼节以及节庆礼节。生活礼节，即个人在日常生活中应当遵循的礼仪规范。在日常生活中，通过约束自己，对自己做出符合礼仪要求的行为或事项，从而体现对他人的尊重。生活无小事，礼节显为人。事务礼节，即个人在待人处事中应当遵循的礼仪规范。在待人处事中，以尊重他人的方式对他人做出符合礼仪要求的行为或事项。在待人处事中，往往尊礼者事成，失礼者败北。节庆礼节，即个人在节日中应遵循的礼仪规范。我国传统节日众多，在各种节日里有形式多样、内容丰富的节庆礼节，这些节庆礼节蕴含感恩戴德、崇祖敬天之意，个人行为需符合不同的节庆礼节规范。

气节，是一个人内在的品质，是一个人做人的高尚品格操守。气节内涵丰富，在为人中，以"梅兰竹菊"之品质约束自己的表现称之为"君节"；在为"官"中，以"清莲"之品质约束自己的表现称之为"廉节"；在为夫或为妻中，以"百合花"之品质约束自己的表现称之为"贞节"。君节、廉节、贞节共同构成"气节"的内涵，是中华优秀传统美德的重要组成部分，秉节持重，德厚流光。

"中节"是为事的一种精神，是中庸思想的核心。"中节"即通过调整、约束以适中，强调恰到好处、不失分寸、实事求是。中庸非折中，折中是不管三七二十一取其中，而中庸强调的是适中，即从客观实际出发，实事求是、和平中正。习近平总书记提出的"三实"即谋事要实、创业要实、做人要实。[①] 谋事要实，强调做事前要考虑周全，要把握分寸；创业要实，强调做事过程中要尽守本分、认真踏实；做人要实，强调做事之后要功不独居，过不推诿。

"礼节"是一个人立世的基础，克己复礼，无礼不立；"气节"是一个人为人的品质，秉节持重，德厚流光；"中节"是一个人为事的精神，中庸之道，为事至宝。礼节、气节、中节构成我国传统"节德"。

（五）养

父母对子女的关系重在"养"。"养"是父母对子女应尽的义务，也是父母对国家应有的担当。养育身心健康、德智兼备的子女是父母的天职。父母对子女的养包括"养体""养智""养德"。

---

① 本书编写组：《深入开展"三严三实"专题教育》，人民出版社2015年版，第1页。

养体，指的是对孩子体格与体能方面的养育。养体包括食养和训养。食养，指的是父母合理、科学地为孩子提供健康饮食，如康熙皇帝在《庭训格言》中告诫子女要吃适合自己肠胃的食物，不可多食，"凡人饮食之类，当各择其宜于身者。所好之物，不可多食……人自有生以来，肠胃各自有分别处也"。训养，指的是父母在日常生活中要培养孩子的基本生活技能。如《朱子家训》言："黎明即起，洒扫庭除，要内外整洁。"在孩子小时候，父母就要训练孩子劳动技能、生活自理能力，使孩子从小具备勤劳品质、自律精神、自立能力等。

养智，指的是对孩子知识和智力方面的培育。养智包括蒙养、师养和染养。蒙养，指的是父母在孩子迷蒙（童年）阶段就要为其提供启蒙教育。蒙养以正本。《易经》里说："正其本，万物理。失之毫厘，差之千里。"故此，人从出生就应该接受教育，并且应该接受正确的教育。师养，指的是父母为孩子选择好老师来进行知识上的教育。比如沈钧儒即使在艰难时期，也要努力让孩子们进正规学堂接受最好的教育，"孩辈读书，非到学堂不可。已函请仲仁兄及五弟，打听何处最好，再行与妹商定。千万勿以孩辈出外为虑"。染养，指的是父母应在良好的环境里养育孩子。"目擩耳染，不学以能。"故此，《颜氏家训》说："是以与善人同居，如入芝兰之室，久而自芳也；与恶人居，如入鲍鱼之肆，久而自臭也。墨子悲于染丝，是之谓矣。君子必慎交游焉。"

养德，指的是对孩子品德方面的教育。《左传·隐公三年》里说："爱子，教之以义方，弗纳于邪。"强调父母对孩子的道德教育，使孩子不走向邪恶。养德包括教养、礼养和行养。教养，指的是对孩子修养方面的教育。一言一行一举一动都可折射一个人的修养。父母应对孩子的言行举止方面进行教导，使孩子成为一个有修养的人。礼养，指的是对孩子礼节方面的教育，使孩子从小学礼、知礼、行礼。不学礼，无以立。行养，指的是父母以自己的实际行动，以身作则教育孩子。身教重于言教，用自己的行动为孩子作表率。曾子杀彘的故事体现的就是父母以身作则的重要性。正如《颜氏家训》所说："吾见世间，无教而有爱，每不能然：饮食运为，恣其所欲，宜诫翻奖，应诃反笑，至有识知，谓法当尔。骄慢已习，方复制之，捶挞至死而无威，忿怒日隆而增怨，逮于成长，终为败德。"

健康的体魄是立世的基础，丰富的知识是立世的保障，良好的品行是立世的根本。父母若对孩子尽到养体、养智、养德之责，则孩子必成优秀之才。

（六）恕

"我"与他人的关系重在"恕"。"恕"，从如从心，是"如心"，即将心比心、自忖外度、推己及人，用自己之心理、心情去体会他人之心理、心情。恕是一种以仁义之心待人的品德。当然，对他人之"恕"也是有原则、有底线的。因立场、角度、身份等不同，在对人、对事、对物方面有不同看法、不同做法的，可恕，这种恕我们称之为"利益之恕"。因背景、地域、种族等不同导致信仰、风俗、礼节迥异的，可恕，这种恕我们称之为"习惯之恕"。他人虽有过失、冒犯之举，但仍在公理、人伦、良知范畴内的，可恕，这种恕我们称之为"过错之恕"。

利益之恕有三种表现：一是各为其主尽忠应恕。各为其主是立场不同的"臣事君以忠"，如被称为千古美谈的管鲍之交。二是各谋其利合理可恕。谋利是人之本性，谋不违背道义的"合理利己"，如讨价还价等，这是无可厚非的。三是各护其爱执中可恕，上级关心爱护晚辈或下属，也就是所谓的"护短"，它是人情定律使然，无可指摘。但需要强调的是，利益之恕一定要适度、执中，决不能过度。

习惯之恕包括两种情形：一是风俗不同冒犯可恕。"百里不同风，千里不同俗"，虽然在交往过程中，应尽量做到入乡随俗，但对无意间

绪

论

013

冒犯风俗之人也应宽恕。二是礼节不同争执可恕。《史记·项羽本纪》说："大行不顾细谨，大礼不辞小让。"虽然在交往过程中，秉持礼节是一个人的基本修养，但对不拘小节者，也要宽容宽恕，做到"竭人之力不责礼"。

过错之恕，是指即便他人存在过错，也持宽大的心态去宽恕，不过分苛责。过错之恕包括三种情形：一是知错能改的人和行为，二是方式方法过分的直言规谏，三是认知不同所造成的冒犯。知错能改虽犯应恕，《弟子规》云："过能改，归于无，倘掩饰，增一辜。"一个人最可贵的地方，不在于没有过错，而在于能改正错误。对于勇于改过的君子，我们要容人之错，宽容以待。直言规谏虽过应恕，"文死谏、武死战"是中国古代政治生活中的传统，在进谏过程中，虽然方式方法有不妥，有强谏、硬谏，甚至是犯颜、冒死直谏等，如若出发点是好的，也应该"恕"。认知不同虽咎应恕，人与人之间经历、背景不同而导致认知不同，在认知不同的情况下有所冒犯，不应该怪罪。

恕是处理人我关系的良方，一个人以大海般宽阔的胸襟包容、体谅、宽恕他人，对他人做到利益之恕、习惯之恕、过错之恕，用恕行仁而使立德于世。

二、于己：勇、俭、让、慎、省

在"天人物我"的关系中，人与自我的关系最为根本。人只有处理好与自己的关系，才有精力和智慧去思考、践行如何与世界相处。"勇、俭、让、慎、省"五字，分别从自我对话、自我约束的角度切入。勇、俭、让是与自己的对话，即以什么样的态度面对生活；慎、省强调要有自觉的道德意识。

（一）勇

对于内在自我的要求，首先是勇。孔子说"知者不惑，仁者不忧，勇者不惧"，"知耻近乎勇"。说到勇，为人臣子的岳飞精忠报国，敢于牺牲一切；忠义神勇的关羽不惧艰难，千里寻兄，过五关斩六将，展现了勇者无惧的气魄。勇的本义是勇敢。从甲骨文、金文等字形来看，勇从力、从心、从戈，印证了其多个层次的含义：勤勇、智勇、谋勇。

勤勇，力行之勇，安身之本，体现在勤学、勤思、勤为。祖逖闻鸡起舞，蔡伦勤思造纸，毛遂敢勇争先，孔子虽知"大道难行"仍周游列国传播学说，都是勇的表现。

智勇，用心处世，善断豁达。智勇又可具体表现为智断、智处、智挫。智断指遇事果敢决断，能够把握有利时机，及时决断。这即为勇。《礼记》曰："临事而屡断，勇也。"班超在鄯善国夜袭匈奴使馆，其勇敢果断震撼了西域各国，纷纷和汉朝签订同盟之约，扭转了东汉外交危局。人的一生会遇到形形色色之人，智处即指用智慧和勇气与他们相处。曾国藩与小人保持距离，以智防奸，"君子远小人，不恶而严"，外在礼节做到宽和，但在原则性问题上坚守而不让步。智挫指真正勇者处事不惊，"天下有大勇者，卒然临之而不惊，无故加之而不怒"，面对荣辱、老病保持豁达。

谋勇，顺势而为，谋定行至。一个人的力量再大，也不过是沧海一粟，只有懂得借助大势、掌握时机、谋聚人气，才能获得最终成功。《老子》曰"势成之"，是环境大势、是形势所趋，才使人有所成就。《孙子兵法》也提到做事应提前谋"势"。故能成大事者，必然是顺应了国家和社会历史发展的大趋势——此为谋势。谋定大事之后，接下来是把握事物的规律，制定相应的方案和计划——此为谋略。在顺应形势、掌握规律的基础上，还需要团结众人，齐心协力做大事——此为谋气。纵观中国历代成大事者，无一不是能聚集贤人能者于麾下的谋气之才。

勇是传统儒家道德的重要构成因素，《礼记·中庸》说："知、仁、勇三者，天下之达德也。"作为一种内在道德驱动力，勇是激发和维持我们践行道德、趋于理想人格的必要品质。

（二）俭

俭，"约也"，本义是自我约束、不放纵。其含义可分为物质与精神两个方面。物质方面，俭是指衣、食、住、行、用等方面的节俭。精神方面，俭可分为对内与对外两个层面。对内是欲望、情绪等自我约束；对外是人际交往中保持谦逊，主动压低身段，压缩气场。可见，"俭"在中国传统文化中有三重意蕴：节俭、约俭和谦俭。

节俭，俭开福源，奢起贫兆。节俭，即物质上的节省。这个"俭"是人的外在行为表现，体现在衣、食、住、行、仪等物质方面的收敛，等同于"节"，表示节省、节约，与浪费、奢侈相对立，如俭朴、勤俭。《韩非子·难二》曰："俭于财用，节于衣食。"《管子·形势》言："勤而俭则富，惰而侈则贫。"《魏书》言："俗奢者示之以俭，俭则节之以礼。"又言："尚俭者，开福之源；好奢者，起贫之兆。"李商隐诗曰："历览前贤国与家，成由勤俭败由奢。"质言之，节俭者，俭于自奉自足，不奢不侈，节而有余。

约俭，克己约身，自律自强，即精神上的自我约束，做到克己约身，管控好自己的身心，克制住自己的欲望，时时反省自己的所作所为。节俭注重对物质的调节与控制，而约俭强调对心性的调养与修炼。在这个层面，"俭"是人对自身的内在要求，在精神上自我收敛，收敛的对象是时间、精力、情感、欲望、思想等非物质存在。修炼心性可分为三个向度：惜时、节欲、节怒。一是惜时。俗话说"玩物志多丧，惜时业早成"。明朝陈其德《垂训朴语》言："读书不趁早，后来徒悔懊；精力本易衰，光阴如电扫。"岁月匆匆，光阴易逝，人生在世要趁早读书立志。二是节欲。老子言："见素抱朴，少私寡欲。"孟子曰："养心莫善于寡欲。"三是节怒。明朝姚舜牧《药言》说："凡人欲养身，先宜自息欲火。"管控住了贪婪与欲念，就可以驾驭"心魔"而不让"心魔"吞噬自我。质言之，约俭者，约己而自控，修身且养性，克己自律。

谦俭，泰而不骄，俭德辟难。谦俭，即人际交往中的自我压缩，谦逊有礼。人与人的关系无非三个向度：上级、下级和平级，与此相对应，谦俭就要做到对上尊、对下谦、对平让。"君子讷于言"，君子平时为人低调，低姿态，不夸张，不炫耀。《易》言"君子以俭德避难"，意思是君子凭借谦逊之品德而避免了灾难。南唐谭峭《化书》警告世人："俭于交结可以无外侮。"清朝沈青崖《训子诗》告诫子孙："自视勿骄侈"，"举止词色婉"，"气扬常自抑，性猛济以宽"，"卑下毋凌轹，势焰毋攀援"。《尚书》曰："满招损，谦受益。"谦逊恭敬不仅是为人之道，更是修身立德、待人接物、立身处世、安身立命的根本原则。

古人云："俭以养德。"清朝王应奎《柳南续笔》云："凡人生百行，未有不须俭以成者。"物质上的节俭可以让人避免贫穷，精神上的清心寡欲可以延年益寿，人际交往中的低调谦逊可以远离祸端。俭之为德，诚然。

（三）让

中国传统社会中所推崇的人际交往美德之一"让"，是一种从心而发的行为。"让"是由内而外的自发行为，而不是表面客套；"让"是主动包容，而不是被动接受。"让"包含了谦让、忍让、推让三个层次的含义。

临事让人一步，自有余地。儒家认为，谦让是君子应具有的品格。谦让首先是序让，也就是对先后次序的让，强调君臣、长幼、男女皆要有序。序让也是安于人后、不争先的君子修为。北宋名臣范仲淹得知自己在苏州的屋舍位置极好时，他没有将此屋留给自己享乐，而将之改为学堂，资助苏州的子弟入学读书，体现了"乐于人后"的高尚品格。谦让还体现为利让，也就是把大的利益让给别人。孟子在与梁惠王的对话中提出："王何必曰利？亦有仁义而已矣。"如果由王至庶人，都只想获得最大的利益，那么诸侯就会想去取代天子，大夫就会想去杀害诸侯，士就会想去篡夺大夫，那么国家就有危机了。只有适当地把利让出去，建立人与人之间的良好关系，才能上下和谐，井然有序。

屈以为伸，让以为得。让还有"忍让"之意。常言道，忍一时风平浪静，退一步海阔天空。如果谦让是日常生活中对次序先后、利益大小的谦虚礼让，那忍让则更多是遭受不公平待遇、遭遇语言的挑衅和行为的屈辱时，表现出的隐忍和退让。但忍让并非被迫地让，而是主动地让。忍字从心，止心为忍。忍让是面对逆境时，选择平和心态；是面对言语的挑衅时，在不触碰法律底线的情况下主动礼让他人，正所谓"小不忍，则乱大谋"。

功劳盖世，守之以让。除了谦让、忍让，让还有"推让"之意。《礼记·曲礼上》说："是以君子恭敬撙节，退让以明礼。"唐朝孔颖达疏："应进而迁曰退，应受而推曰让。"推让首先是辞让，是别人给予地位、名誉时推辞不受。西汉的张良就辞让了原本属于自己的地位。《史记·留侯世家》记载，在西汉开国功臣封赏大会上，汉高祖刘邦令张良自择齐国三万户为食邑，张良却谦请封始与刘邦相遇的留地，不再参与汉朝的朝政，得以在"狡兔死，良犬烹"的腥风血雨中善终。推让其次是贤让，将本该属于自己的地位、财物赠予或分予他人。尧舜让贤的故事家喻户晓，尧帝没有让位给儿子丹朱，而让位给贤能的舜。尧舜禹三代，相互禅让，形成了任人唯贤的社会风气。推让最后是隐让，德高望重之人辞任之后，往往会选择隐居，不给上位之人造成困扰。

让是一种智慧、一种心态，也是我们在社会交往中需要坚持和传承的品德。"一家让，一国兴让"，让是治家之道，也是治国之法。

（四）慎

慎的最早字形是"誊"，本义是烧柴祭祀的仪式中所表现出的对天地神灵的重视和敬畏，也有在危急情况时要小心行事之义。从造字手法来看，慎既是心理活动，也是行为准则，由心理上的敬畏、重视，引出行为中的小心、谨慎。慎作为一种道德意涵，经历了从庙堂到民间的变化。君主要得到上天和神祇的庇佑，就必须"战战兢兢，如临深渊，如履薄冰"。春秋战国之后，慎逐渐成为人们共同追求的道德修养。慎是修德的路径和方式。《国语》说："慎，德之守也。"慎近似"全德"，是成就仁的一种内在要求。

从道德层面来看，慎有慎初、慎独、慎为三种内涵。慎初指在为人、处事之时，迈好第一步，这样才能走得稳、走得好。环境的熏染、朋友的影响、由小而大的积累至关重要，因此要慎染、慎友、慎微。《礼记》说："君子慎始，差若毫厘，谬以千里。"道自微生，祸自微成，不可慎大而忽小，要在细微处严于律己；谨慎对待环境和友朋的熏染作用，是故"君子居必择乡，游必就士"。

慎独是儒家的重要道德观念，《大学》、《中庸》、马王堆帛书和郭店楚简里都大讲"君子必慎其独"。梁漱溟说："儒家之学只是一个慎独。"慎独，就是人在不被他人所察的独处的时候，尤其要谨慎行事，是表里如一的道德要求。郑玄注《礼记·中庸》说："慎独者，慎其闲居之所为。"仁义礼并非只是做给别人看的，独处时所思所行也要谨慎。慎独首要是克制一己之欲望，如权力、利益；身在安逸的顺境时，不要自满自得，保持清醒警惕。

慎初、慎独关乎人的选择和内心，慎为是三思之后的明智。孟子说："人有不为也，而后可以有为。"智者能够明辨是非，有所为，有所不为。

有为、无为与儒家的核心精神是一致的，与积极入世、修己安人的思想有内在的联系。人生不同阶段都要谨慎所为，三思后行。其一是慎为师，不可自以为是，倚仗自己的经验好为人师。其二是慎为事，"年高须告老，名遂合退身"，自作主张插手安排后辈的生活并非明智之举。

慎被当作修德的路径和方式，《国语》曰："慎，德之守也。"历代家训、警世格言都把"慎"当作为人处世的一种要诀。在传统儒家文化里，慎近似"全德"，其他的道德都离不开它，慎是成就"仁"的内在要求。

（五）省

勇、俭、让、慎之外，为人还要自省。自省表现为对自身道德的反思和评价。"吾日三省吾身：为人谋而不忠乎？与朋友交而不信乎？传不习乎？"自省的目的是"有则改之，无则加勉"，通过不断的自我教育和激励，提升个人的道德水平，实现自我价值。

"省者，察也"，本义是察于内、省于微，注重自我内心反省、观照本性，从而戒除非分之想。《论语·里仁》中的"见贤思齐焉，见不贤而内自省也"、《荀子·劝学》中的"君子博学而日参省乎己，则知明而行无过矣"、朱熹的"无时不省察"、王阳明的"省察克治"的思想等，皆是应用"省"之"观察、检视自我"之意。

就修身而言，省需要在为人、处事和交友等方面反省检查。为人、处事见自省。在处理与他人的关系（忠、孝、悌、节、养、恕）、与自己的关系（勇、俭、让、慎、省）中，人都应及时自我反思，予以必要的收拾、整理、改造、消除。

交友之道需自省，交友首先要诚信，只有对朋友真诚才能交到益友。当然真诚交友也可能会交到损友。因此，交友也要常常反思，如果交到益友，愈加珍惜，相互提升；若交到损友，要及时离开止损。

学习进取唯自省，就是在温学和精学两个方面自省。《朱子语类》载："若只看过便住，自是易得忘了，故须常常温习，方见滋味。""自省"则是在勤勉求学之时，以达温习之目的，对已学知识加以巩固。"苟日新，日日新，又日新。"说的是精学之道。学习应在精进学问中反省，以在精进学问、追求真知中汲取更多的养分，去向深处挖掘，攫取精髓，获取更高层次的感触，达到精学之境。

三、构建与时代发展相适应的家风研究范式及话语体系

传统家风研究范式的构建基于儒学，而儒学作为一个文化系统，本身有其内在逻辑。脱胎于儒家文化的传统家风研究范式，继承了母体的严谨逻辑与结构层次。一个人若处理好"于人"（外王）与"于己"（内圣）的关系，即实现了儒家文化所追求的理想人格。

新时代以"忠、孝、悌、节、养、恕"和"勇、俭、让、慎、省"这11个关乎自我要求、为人处世的观测点为重点，对优秀传统家风展开系列研讨，构建传统家风研究范式及其话语体系，将"乡贤与家风"转化为推动社会风气向上、向善、向好发展的不竭精神动力，使之成为社会治理的着力点和抓手，这是中华优秀家风文化数千年传承延续内在规律的现代彰显。当今社会存在家族代际关系弱化、家庭文化消解、传承载体陈旧等问题，导致家庭部分成员对自身家风文化不够重视，实践途径缺乏创新。有些家庭由于缺乏理论指导与践行指引，无法真正尽到"养"之责任，无法在良好家风的熏陶中共进成长。如今宗祠修缮归于刻板化，缺乏生动文化的融入，其中内容相对晦涩。家族宗谱没人阅，宗祠陈列没人懂，内容古板，形式单一，故事性不强，让人产生距离感，无法引起共鸣，导致传承浅层、发展停滞。

绪论

加快构建中国话语和中国文化体系，积极提炼展示中华文明的精神标识和文化精髓，向世界阐释推介具有中国特色、体现中国精神、蕴含中国智慧的优秀文化，家风研究范式及话语体系构建就是很好的着力点和抓手。以家风范式为基础，带动传统家风文化载体的激活方式的创新，提升家族文化内涵，使看似千篇一律的家谱、宗祠，变为生动可感、有内容、有个性、有文化的家风载体。构建传统家风研究范式及其话语体系，有利于优良家风的形成和良好家庭氛围的孕育，帮助个体价值观的形成和道德行为的教化，奠定良好的人格基础。"忠、孝、悌、节、养、恕"和"勇、俭、让、慎、省"分别为对人、对己的模范遵循，是对新时代注重家庭、注重家教、注重家风的积极回应。古有"修齐治平"等思想，个人德行与家庭、家族发展和国家治理都息息相关。构建家风研究范式及话语体系即为此种建设提供实践遵循和具体的方法路径，推动民风、社风向好，营造良好的社会环境。

万丈高楼始于基。家庭是一个人成长最早的学校。不管是普通人家的一言一行，还是世家大族的家训家谱，传递的都是一个家庭或家族的道德准则和价值取向。家风是一个家庭的精神内核，也是一个社会的价值缩影。良好家风和家庭美德是社会主义核心价值观在现实生活中的直观体现。因此，开展传统家风模型研究，只是一个开始，我们希望更多的社会力量参与对家风的研究和传承，共同书写大写的人，共同推进中华民族伟大复兴。

微课

一　上部

忠：天下至德，莫大乎忠

　　"忠厚传家久，诗书继世长"是后人从苏轼所写的《三槐堂铭》中总结而来的对联。北宋初年，兵部侍郎王祐在家中庭院种下三株槐树，言称其子孙必有为三公者，因而命其堂为"三槐堂"。王祐一生忠厚勤勉、廉洁奉公。经过王祐的勤勉持家，三槐王氏枝繁叶茂，子孙后代人才辈出，真有位列三公者。王氏子孙在返修故居时请苏轼为自家"三槐堂"题铭，以此垂训后人效仿先祖忠厚品行，于是便有了《三槐堂铭》。此文记叙了王氏祖先王祐手植三槐的经过和期待，用王祐子孙后代多有仁德贤能者的事实来论述"仁者必有后"，以三槐王氏的忠义事迹，强调了喻家风、讲家教的重要性。

　　在古代，很多达官显贵都喜欢在庭院中种槐树以期盼子孙发达。但并不是人人都能梦想成真，有些富不过三代，有些却能几代门庭兴旺，其中的奥秘是什么呢？便是传承好家风。古语有云："积善之家，必有

余庆；积不善之家，必有余殃。"家庭教育是人成长的基础，优良的家风必先以"德行"为重。其中，忠是最重要的德行之一。曾子曰："吾日三省吾身：为人谋而不忠乎？与朋友交而不信乎？传不习乎？""忠者，德之正也。"曾子师承孔子，坚定地倡导"仁"治思想。在礼崩乐坏的春秋战国时期，原本以血缘为纽带的政治基础崩塌，孝和礼无以为继，孔子因此提出以"仁"为核心的思想体系，试图恢复周礼实现自己"仁政德治"的理想。"忠"的提出可以看作是实现"仁"思想的方式和手段。孔子在《论语》中反复论及"忠"字18次，将其列为教授弟子的"四教"（文、行、忠、信）之一。孔子强调"与人忠"，做人做事要"行之以忠"。

一、溯源探义说"忠"

"忠"在《汉语大词典》中有四种解释：一指忠诚无私，尽心竭力；二指事上忠诚；三指忠厚；四指姓。在《说文解字》中释为"敬也，从心，中声"。"忠"字从心，中声，可以理解为把心放在中间，不偏不倚。同时忠含有"敬"的含义，这个"敬"可以理解为对待事物的态度。为什么忠字会有这样意义的表达呢？我们从"忠"字的造字结构上便可知一二。

金文　　　篆书　　　隶书　　　楷书

"忠"是会意字，忠＝上中＋下心，就其字形结构看，上半部的"中"既是声旁也是形旁，对"忠"意义的形成起到了决定性作用。在很多学者看来，"忠"是由"中"字演化而来的。清朝学者惠栋在《九经古义》中考证说："'中'与'忠'，古字通。"甲骨文里"中"的外形就像旗帜矗立于中央之地的形状。著名历史学家唐兰先生对"中"是这样考释的："盖古者有大事，聚众于旷地，先建中焉，群众望见中而趋附。群众来自四方，则建中之地为中央矣。"可见"中"代表着号召人心的标识和民众公认的标杆。

决定"忠"字能表达人的心理状态、思想性质的作用则是由"心"来完成的。"心"，《说文解字》曰："人心，土藏，在身之中。象形。""心"在金文中的书写，就很形象地描绘了一颗心脏的外形和血管走向。心脏被古人奉为最珍贵的祭品。上古时期人们怀着崇高的敬意双手捧起心脏敬奉神灵，于是"设'中'于心就构成了'忠'的意象"③。

什么时候"中"字与"心"字走在一起的呢？"忠"字最早被发现于战国中山王厝方壶上，其铭文曰："竭志尽忠。"《尚书》中曾经记载了一篇盘庚迁都时对臣民的训词："汝分猷念以相从，各设中于乃心。"这是迄今为止第一例将"中"和"心"结合的文献。④《尚书·盘庚》讲的是发生在商朝中后期的故事。商汤建立商朝时，最早的国都在亳（今河南商丘）。为了避免自然灾害，发展生产力，商朝在300年间屡屡迁都。等到商王盘庚继位时，为了挽救商朝政治危机，盘庚再次决定迁都于殷（今河南安阳）。但是遭到了贵族们的反对。盘庚通过演讲力排众议，软硬兼施，最终迁都成功，也造就了殷商之后的辉煌。这篇训

---

① 王成，丁凌：《"忠"自"中"出——兼及〈易传〉"忠"思想起源性著作定位的质疑》，《学习与探索》2017年第7期。
② 唐兰：《殷虚文字记》，中华书局1981年版。
③ 欧阳辉纯：《论"忠"的道德内涵》，《齐鲁学刊》2013年第3期。
④ 王成，丁凌：《"忠"自"中"出——兼及〈易传〉"忠"思想起源性著作定位的质疑》，《学习与探索》2017年第7期。

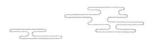

词相当于商王的演讲词。在训词中，商王盘庚要求臣民摆正心态，为了国家利益，抛却畏难情绪和对故土的眷恋，正确对待迁都之事，把"忠"立于心中。盘庚要求将"中"设于"心"上，就像为人心确立了一个路标或是指示。应如何对待国家大事？应忠诚无私、诚心尽力地对待。这便是忠的本义。

"忠"在历史上很长一段时间，被人们单一地理解为"君让臣死，臣不得不死"的"愚忠"思想，失之偏颇。对"忠"字的溯源有助于我们把握"忠"的本意，同时借助历史先贤对"忠"的论述能让我们更好地理解什么是忠德。归纳而言，我们可知"忠"的含义有三层。

一曰"诚"，即以诚相待的做人态度。《左传·昭公十二年》有言："外内倡和为忠。""外"，指人外在的容色仪态、言行举止；"内"，指人的内心。就是说，内心所想与外在表现一致，即表里如一，就是忠。[①]《国语·周语上》云："考中度衷，忠也。"所谓"考中度衷"，也就是将心比心、以己度人，这反映了一种推诚待人的道德理念。

二曰"尽"，即尽心尽力的工作作风。《论语》中定公问："君使臣，臣事君，如之何？"孔子对曰："君使臣以礼，臣事君以忠。"这里要注意的是，孔子所谓的"事忠"不是"侍忠"，这与后世所传的"忠君"思想是有所区别的。前者所指是办理君主规定的分内（职内）之事，即履行本职，而后者则是为君主做劳务，身份如同侍者、侍从、仆役。因此，孔子的"事君"可被理解为"臣子办理君主规定的职责范围内的事，应当尽心竭力"[②]。

三曰"公"，即大公无私的道德境界。在《左传·僖公九年》中记

---

① 裴传永：《历代释"忠"述论》，《理论学刊》2006年第8期。

② 孔祥安：《孔子忠伦理的多层意蕴——以〈论语〉为考察中心》，《广东社会科学》2017年第5期。

载着大夫荀息与晋献公的一番对话："公曰：'何谓忠贞？'对曰：'公家之利，知无不为，忠也。送往事居，俱无猜，贞也。'""忠"就是只要对国家有利的事，对百姓有利的事，都尽心竭力地去做。

按照《忠经》里"天下尽忠"的观点，应把"忠"作为做人做事、为官从业的准则，任何职业和身份都可以彰显忠德。如何彰显？正如前文所述，"忠"是从自我内心出发对待外界人或事的一种忠诚无私、诚心尽力的道德表现。从社会角度看，人立足于社会就要为社会承担一定的义务和责任，必须处理好"我"与所在单位之间的道德关系。在社会中，按照范围的大小（包含与被包含的关系），单位依次可以分为国家、组织、职业。所以，具象地看，"忠"就是出于本心对国家、人民大公无私的奉献，对信仰、组织忠诚不二的坚守，对职业、工作尽心竭力地完成分内之事的美德。在此，我们不妨从古代先贤的忠德故事及家风故事中去探寻忠德传承的精髓。

二、忠于国家

东汉经学家马融在《忠经》中提出"天下至德，莫大乎忠"。但忠德的表现也是有高低层次等级的。其中，爱国是一个人最大的忠。因为每个人出生于人世间，他的身份首先是由他所处的地理和社会环境也就是他的祖国所决定的。习近平总书记曾说过："爱国，是人世间最深层、最持久的情感，是一个人立德之源、立功之本。"[①]对每一个中国人来说，

① 习近平：《在北京大学师生座谈会上的讲话》，人民出版社 2018 年版，第 11 页。

爱国是本分，也是职责，是心之所系、情之所归。[①] 爱国的具体表现是什么？首先要忠于国家、忠于人民。纵观中国历史，有许多先贤为国家利益、民族大义、人民幸福抛头颅洒热血，用青春和生命书写了爱国精神，为我们诠释了如何忠于国家。

（一）先国后家

忠于国家，就是一种先国后家、舍小家为大家的家国情怀。

家是最小国，国是千万家。没有国，哪有家？当国家和人民处于危难之际，我们应该暂时把个人的小家放一边，主动站出来救民于水火，拯救千万家的幸福。"民惟邦本，本固邦宁"这句话出自《尚书·五子之歌》，被认为是中国最早的民本思想的起源，也是大禹死后给子孙留下的遗训。大禹是这样说的，也是这样做的。三皇五帝时期，洪水泛滥，百姓民不聊生，于是尧帝派大禹去治水。大禹接受治水任务时，才新婚不久，可是为了天下苍生，大禹毫不犹豫地告别新婚妻子奔赴救灾前线。大禹到任后，吸取父亲治水的经验教训，变堵为疏，努力实践，不辞辛劳。《庄子·天下》用六个字描写禹治水的形象："沐甚雨，栉疾风。"意思是暴雨洗头，大风梳发。在治水期间，大禹曾经三次路过家门，可是每次都因为有突发状况而没能进门。他的儿子生下来后，他也没有机会回家看一眼。大禹治水13年，耗尽了心血与体力，终于完成了治水的大业。大禹以天下为己任，在国家与人民面前，选择先国后家。

当国家遇到危难，有些人甚至可以倾家荡产救国难。在《论语》中有这样一段对话，子张问孔子："令尹子文三仕为令尹，无喜色；三已之，无愠色。旧令尹之政，必以告新令尹。何如？"子曰："忠矣。"子文

---

① 习近平：《在纪念五四运动100周年大会上的讲话》，人民出版社2019年版，第7页。

三次做宰相，也没有喜色，又三次被罢官，也没有生气，每次交接工作都很认真，善始善终。孔子认为子文一心为公，为百姓做事情，这是一个忠臣。令尹子文是谁呢？据《左传·庄公三十年》记载，子文原名鬭縠於菟，字子文。令尹是官名，相当于宰相。春秋战国时期，楚国千疮百孔，国库空虚。子文当了令尹后提出将贵族的封邑的一半交给国家，以缓解国难，遭到了贵族们的强烈反对。于是令尹子文自己带头交还封邑，并将自己家族的全部家产上交国库，缓解了楚国的财政危机，为楚国强大做出了贡献。令尹子文"自毁其家，以纾国难"的行为成就了"毁家纾难"的千古佳话。这是当国家遇到困难时，个人不惜捐献所有家产帮助国家减轻困难的大义行为。令尹子文从政 20 多年，一心辅佐成王，三次退位让贤，不蓄私产，因忠贞为国的无私奉献精神而被世人景仰。

如果国家不得安宁，没有安全可言，何来小家的安宁。汉朝名将霍去病骁勇善战，常年在外征战抗击匈奴。在面对汉武帝赏赐府邸时，他一想到匈奴一直蚕食边境痛心疾首，便拒绝赏赐说："匈奴未灭，何以家为？"霍去病的这种家国情怀一直为后世所继承。在民间，宋朝杨家将的故事广为流传，杨家将七郎八虎血战金沙滩，威震辽国。在古代宗法社会，延续香火在中国人的传统思想中被视为大孝。但是为了保卫大宋的江山，杨家数代人前仆后继为国战死沙场，到最后杨家的女将也都上阵杀敌，书写了讴歌千年的爱国故事。虽然杨家将的故事是根据历史演义而来，但是中华儿女的爱国精神确是代代相传。20 世纪前叶，我国曾发生过一件真实的"新版杨家将"的故事。1934 年的赣南中央苏区，面对国民党反动派的迫害，在国家危难时刻，苏区农民杨荣显老人送八个儿子参加红军，最后全部悲壮牺牲。"一家八子参军"是当时一个典型代表，"父送子、妻送郎，父子一同上战场"的感人场景不断地在赣南苏区上演。他们是父母的儿子，是子女的父亲。但是在中国革命的危急关头，苏区人民挺身而出，把他们的优秀子女送到了红军部队，

救国于危难之中。据历史资料记载，整个革命时期，人口并不多的苏区有 20 多万农民加入了红军，5 万多人为革命捐躯。[1]一代代的中华儿女在面对国家危难时，在家国情怀的激励下做出了先国后家的选择，为中华民族大家庭做出了贡献。

电影《功勋》揭开了一个特殊群体的历史。"氢弹之父"——于敏，作为国家军事武器研究组的成员，他的名字从其开始研究那一刻起就进入了绝密档案。为了祖国和人民，他 28 年未回家。28 年啊，试想这需要下定多大的决心与勇气。现在的我们身处和平年代，但并不意味着没有危机。大国间的博弈、全球生态的退化、世界风云变化，只有祖国强大了，人民才能安居乐业。他们为了国家和民族的未来、人民的安居乐业，抛开自己的家庭，牺牲了个人的幸福！

（二）舍生取义

忠于国家，就是一种舍生取义、杀身成仁的大无畏精神。

《左传》有言："临患不忘国，忠也。"自己面临灾祸却仍然不忘国家，这就是忠心。人固有一死，或重于泰山，或轻于鸿毛。人生的意义不仅在于活着，还有比生命更重要的事物，比如国家安危、民族大义、理想信念。当两者需要抉择时，人可以为了大义牺牲自己的生命，是谓舍生取义。舍生取义的思想在许多典籍中都有记载。《孟子·告子上》："生，亦我所欲也；义，亦我所欲也。二者不可得兼，舍生而取义者也。"再比如屈原在《离骚》中写道："虽体解吾犹未变兮，岂余心之可惩……亦余心之所向兮，虽九死其犹未悔。"这是屈原的政治理想，也是屈原的人生写照。屈原博闻强识，为楚国的发展殚精竭虑。但他性格耿直，为官时不愿和奸臣同流合污，在政治上遭到了排挤，还因为经常劝谏惹

---

① 张陵：《呈现八兄弟牺牲在战场的悲壮》，《光明日报》2019 年 7 月 24 日。

怒楚王,遭到了流放。此时的楚国奸臣当道、国运日衰。屈原在流放途中悲愤交加,面对污浊的政治环境,毅然投身汨罗江,以死明志。屈原的爱国情操和忧国忧民的精神为我们树立了典范。

爱国主义精神在宋朝有更为集中的体现。尤其是南宋时期,外族入侵,国家动荡,民不聊生。南宋特殊的时代背景造就了一大批如辛弃疾、陆游、岳飞等爱国主义诗词家和英雄人物。"人生自古谁无死,留取丹心照汗青"是文天祥在狱中写下的千古名句。德佑元年(1275),元军侵略南宋。文天祥带兵到广东潮阳抗元,然全军覆没,文天祥被俘。元世祖很钦佩文天祥的忠心,每天派人去轮番劝降,但都被文天祥骂走了。元世祖见劝降不成,就把文天祥移送到兵马司衙门,戴上脚镣手铐囚禁起来。元世祖说:"你不愿做丞相,做个枢密使怎样?"文天祥看了看元世祖,斩钉截铁地说:"我别无他求,只求一死!"元世祖知道劝降没有希望,就下令把文天祥处死。刑场上,他对监斩官说:"我的国在南方,我要面对南方而死!"说完,整理衣冠,朝南方拜了几拜,仰天长叹道:"我事已毕,心无悔矣!"然后从容赴死。文天祥这种慷慨赴义的精神被后世无数英雄所继承。后世有"血战歼倭,勋垂闽浙"的戚继光;有面对敌军压境时"粉身碎骨浑不怕,要留清白在人间"的于谦;有"数点梅花亡国泪,二分明月故臣心"的史可法;有面对西方列强侵略时"苟利国家生死以,岂因祸福避趋之"的林则徐;有在甲午战争中"一舰飞撞裂敌胆,千秋祭奠扬国威"的邓世昌……他们为国尽忠,名垂千古。

中国近代无数先驱,如秋瑾、李大钊、方志敏等投身革命,在民族存亡之际无不以身报国。1920 年,陈潭秋与董必武等同志建立武汉的中国共产党早期组织。大革命失败后,在严酷的白色恐怖下,陈潭秋努力恢复重建党组织,领导各地的工人运动、学生运动和兵运工作,坚持秘密斗争,为党的事业四处奔波。1942 年 9 月 17 日,陈潭秋不幸被捕。

敌人对他施以惨无人道的酷刑，逼迫他"脱党"。即使血肉已模糊，他始终坚贞不屈，痛斥反动派消极抗日、反共反人民的罪行。一年后陈潭秋被军阀秘密杀害，时年 47 岁。陈潭秋等英雄舍生取义的革命精神代代相传，永远难忘。

我们经常感慨，哪有什么岁月静好，只不过是有人替我们负重前行。当遇到危险时，总有人站在国家和人民前面，挡住一切来犯之敌；总有人愿意为了国家和人民做最美逆行者。2001 年 4 月 1 日，王伟在执行对非法进入我国领空的美军侦察机跟踪监视飞行任务时，为保卫祖国领空，遭美机撞击被迫跳伞坠海壮烈牺牲，这一跳使他永远地定格在了 33 岁。

（三）立国谋人

忠于国家，就是一种将个人理想追求融入国家发展中的爱国主义精神。

有些人苦苦追寻人生的意义，追问读书成才、立于天地间为了什么。北宋大儒张载早已告诉我们答案。张载在《横渠语录》中说："为天地立心，为生民立命，为往圣继绝学，为万世开太平。"每个人在成才过程中都应具有对国家发展和人民幸福的历史责任感和使命感。对于普通人来说，如何做到忠于国家？那就是将个人的理想同祖国的前途紧密结合，为继承和发扬中华文化而学习，为增进人民福祉而努力，为中华民族崛起而奋斗。

大家对东汉班超"投笔从戎"的故事应该都不陌生。班超原本替人抄书养家糊口，但是看到自己的国家不断被匈奴侵扰，他立志打击匈奴收复西域，重振国威，于是投笔从戎，从此效力于祖国边疆。南宋时期同样也有这样因为国家动荡不安，而催发报国情怀的人。岳飞生活在南宋内忧外患、民不聊生的时代。他从小家境贫寒，却有报国之志。少年岳飞学习十分用功，尤其喜欢读《左氏春秋》等典籍，崇拜诸葛孔明等济世名臣，期望报效国家、建功立业。他研读各种兵书，苦练武艺，立志长大以后做大将军，决心收复中原，于是便有了岳母刺字"尽忠报国"、以实际行动践行"还我河山"的千古名将传奇。

在中国近代有许多为了国家发展励精图治的人。比如孙中山"振兴中华"，救亡图存，一生以革命为己任。年少时的孙中山入村塾读书，接受传统教育，原本他遵循家人的希望想成为一名收入体面的医生。19世纪末期，中国沦为半殖民地半封建社会，孙中山目睹中华民族被西方列强瓜分的现状，悲愤不已，决定"弃医从戎"。于是他创立中国同盟会，提出"民族、民权、民生"三大主义，提出"驱除鞑虏，恢复中华"。先生一生为国谋人，为改造中华鞠躬尽瘁。

天下兴亡，匹夫有责。再比如中国"力学之父"钱伟长，他曾说："我没有专业，国家需要就是我的专业。"1931年，钱伟长以中文、历史双科两个100分成绩进入清华大学历史系学习。此时的中国山河破碎、科学技术落后，任由外国列强欺辱。这位文学奇才受爱国情绪的激发，决定弃文从理，经过艰苦努力转入物理系学习，踏上了"科学救国"的道路，后来成为我国著名的"力学之父"。

一代人有一代人的使命，一代人有一代人的担当。孙中山先生为改造中华而四处奔走、鲁迅先生为唤醒沉睡中的国人而弃医从文、周恩来总理"为中华之崛起而读书"……在那个风雨飘摇的年代里，在时代黑暗的洪流中，无数革命志士逆流而上，矢志报国，始终与祖国同呼吸共命运，为民族独立、国家解放不断探索新出路。中华民族之所以能饱经磨难而涅槃重生，中华文明之所以能绵延数千载而生生不息，正是因为根植于中华儿女血脉深处的家国情怀、爱国主义精神激励着中华人民奋勇前行，战胜一切艰难险阻。

三、忠于组织

水是鱼跃之根本，忠乃人立之根基。因为人作为群居动物具有社会属性，在社会中既有国家归属，又有组织归属。工作上有工作组织归属，生活中有生活组织归属，每个人总会有一个组织归属。在工作中所处的组织往往由共同的信仰和相同的价值观念凝聚而成，组织成员为共同的目标而奋斗。对于组织来说，个人首先要做到忠诚。杨倞在《荀子·礼论》云："'忠'，诚也，'诚''实'义同。诚心以为人谋谓之忠，故臣之育君，有诚心事之，亦谓之忠。"忠诚是一个人的底色，是做好组织工作的首要政治原则。兵学名著《六韬》对"忠"也做出过解释："付之而不转者，忠也。"判断一个人是否"忠诚"，要看他面对"大是大非"和诱惑时，是否坚定不移地去完成组织交付的任务。如果能完成任务，他就是"忠诚"之人；如果不能完成任务或"改弦更张"，他要么是能力有限，要么是背叛。忠于组织、忠于职守是古之良将、文官先贤为官之道与准则。因此，忠于组织就是在其位谋其事，食禄尽忠，同时应精进自己的职业能力，对得起组织的培养和信任，对伟大事业忠贞不渝地奉献。

（一）从信

忠于组织，就是要有坚定信念、永不背叛的忠诚。

《论语·颜渊》中记孔子说："主忠信，徙义，崇德也。"提到"忠信"二字，人们最先想到的会是谁？大多会想到关羽吧！如果忠诚的品格有具体形象，那非关羽莫属。民间对于关羽的喜爱甚至产生了"关公崇拜"现象。关羽在历史上并不是武力值最高的武将，却为什么被世人称为"武圣"呢？原因在于一个"忠"字。"身在曹营心在汉""千里走单骑""过五关斩六将"的典故都来自关羽对刘备的忠心事迹。《三

忠：天下至德，莫大乎忠

国演义》小说中描述到，东汉末年，自桃园三结义后，关羽便忠于刘备，尊他为大哥。在一次激烈的战斗中，刘备战败而逃，关羽为保护刘备的夫人陷于曹营。曹操因为看重关羽的忠义仁勇，希望将他收入麾下，因此对他可谓是以礼相待，三日一小宴，五日一大宴，送美女、宝马等，尽其所能给予奖赏。但关羽依旧不动摇，一心只想找刘备。《三国志》记载，张辽在曹营中试探关羽，关羽叹曰："吾极知曹公待我厚，然吾受刘将军厚恩，誓以共死，不可背之。吾终不留，吾要当立效以报曹公乃去。"这就是"身在曹营心在汉"的由来。后来关羽得知刘备在袁绍处，便单枪匹马保护嫂子千里走单骑寻兄。但曹操忘给通关凭证，关羽沿途受到守关将领孔秀、韩福、孟坦、卞喜、王植、秦琪等人的阻拦，关羽被逼无奈，过五关斩六将，最后成功突围与刘备主臣相会。虽然"千里走单骑"和"过五关斩六将"都是《三国演义》中的情节，但是关羽的忠肝义胆的形象已经深入人心。

忠诚不仅是组织对武将的要求，也是古代士大夫的精神追求。在古代，人们所效忠的家族、诸侯君主、党派群体等，都可以理解为他们所在的组织。那他们又该如何表现对组织的忠诚、坚守自己的忠诚呢？古代也有许多相关的典故。因"崔杼弑其君"这五个字，历史上有三位史官被杀。据《左传》记载，春秋战国时期，出身于史官世家的齐国太史伯因为如实记载了"崔杼弑其君"这件事，而惹怒了齐国大夫崔杼。崔杼不愿落下一个弑君的名声，便要求太史伯改写为齐庄公是病死的。太史伯誓死不从，于是崔杼便杀了他。太史伯死后，他的弟弟太史仲、太史叔先后承担起了史官的职责。崔杼以同样的方法逼迫，但是他们都坚持原则不改写。这两人也都被崔杼杀了。在先后死了三个兄长之后，史伯的第三个弟弟太史季继承衣钵。崔杼告诉太史季："你难道不怕死吗？你按我的要求改写，我会给你无上的荣耀和数不清的金银财宝。"太史季正色回答："据事直书是史官的职责，失职求生，不如去死。"崔杼

无话可说，终于意识到自己杀再多史官也无法改变事实，只好把他放了。这就是古代史官群体中世代相传的"不虚美，不隐恶"、秉笔直书的精神操守和家风传承。

除了遵守组织的工作原则，忠诚还体现为严守组织秘密、坚守组织纪律。清朝名臣张廷玉所著的家训《澄怀园语》曰："凡事贵慎密，而国家之事尤不当轻向人言。观古人不言'温室树'可见。""不言温室树"的典故来自《汉书·孔光传》，讲的是孔子的第十四世孙孔光的故事。孔光自幼受到儒学家风的熏陶，饱读诗书，为人正直。西汉成帝时，孔光担任尚书令，掌管枢机十多年。掌管枢机也就是掌管朝廷最机密的书文和事务。用现在的话来说，他相当于机要秘书。该工作的一个重要原则就是保密。而孔光正如《汉书·孔光传》中记载的那样："周密谨慎，未尝有过。"孔光自上任以来，一直克己奉公，谨言慎行，从不向人透露关于工作的半个字，对家人也是如此。孔光的办公处设于皇宫内温室殿。孔光每次回家时，与家人言笑甚欢，但从不提及朝廷政事。有次亲人问道："温室殿院中种了些什么树？"孔光避而不答、转移话题，让人惊叹他保密之严。不仅如此，孔光还有销毁发言草稿的习惯，凡涉及与皇帝之间对话内容的草稿事后一律销毁，以防机密外泄。同时，如果孔光推荐某人做官，也不会让其知道是自己推荐的，以防结党营私。孔光身居要职，几十年如一日对自己所从事的工作保守机密，他的这种遵守法度、保守秘密的处事原则被后人所传颂、效仿。

（二）从精

忠于组织，就是要有练就过硬本领、担当重任的能力。

打铁还需自身硬，铁肩才能担道义。"大事难事看担当，逆境顺境看襟度，临喜临怒看涵养，群行群止看识见。"什么样的人才能担当重任？"责重山岳，能者方可担之。"对于组织来说，想干事是前提，能干事才是"关键"。

春秋时期的管仲提出"仓廪实而知礼节，衣食足而知荣辱"，他被誉为"法家先驱""圣人之师""华夏第一相"。孔子更是评价："管仲相桓公，霸诸侯，一匡天下，民到今受其赐。"作为齐国宰相的管仲以"尊王攘夷"为号召，征讨不服，平恤患难，辅佐齐桓公成为春秋时期的第一霸主。最为后世称道的是管仲的经济才能，他主导实施了一系列经济措施，不费一兵一卒就收服了许多国家，使齐国民富国强。《管子·轻重戊》里就记载了这样一个故事。鲁、梁两家与齐国不和，于是管仲想出一妙计。当时齐生产的布料为"帛"，鲁、梁的布料为"绨"，管仲让齐桓公利用国君的身份带头穿"绨"做的衣服，推崇全国着"绨服"，并下令该布料只能从鲁、梁两国购入，并且给两国卖"绨"商人经济补贴，低价卖粮给鲁、梁，这让两国的百姓认为"种粮"不如"织绨"赚钱，于是人人"织绨"无人"种粮"。两年后，因无人种田，鲁、梁的粮食产量降到了最低，管仲看时机成熟又让齐桓公下令不准着"绨服"，并"闭关，毋与鲁、梁通使"。很快，鲁、梁两国出现了饥荒，即使两国急令百姓返农，但为时已晚。于是，鲁、梁两国发生动乱，而后不得不归顺齐国。在管仲的辅政下，齐国日益兴盛。因此，对组织忠诚，光是唯命是从是不够的，还应该不断锤炼、提升自己的能力，这样才能更好地为自己所忠诚的组织奉献更多力量。

"德不配位，必有灾殃。"孔子对这句话的解读又分为三个部分，在《周易·系辞下》中有"德薄而位尊，知小而谋大，力小而任重，鲜不及矣"的表述，这句话的意思是：一个人的德行浅薄，却坐上高位享受尊敬；智力有限，却自作聪明地谋划大事；能力有限，却自不量力地承担重任。这三种情况，很少有不遇到灾祸的。因此，成大事者必定知道要提升自己。汉末东吴国的大将吕蒙出身于寒门，从小只知练武，没机会读书。长大后的吕蒙勇猛善战，投入吴侯孙权的麾下。孙权对自己的这个部下非常器重，不过，由于吕蒙读书很少，所以时常在一些事务中出错。孙权为了培养吕蒙，遂劝说其读书写字。有一天，孙权对吕蒙和蒋钦两人说："你们两人现在是将军，应当多学习一点知识才是，特别是一些兵马韬略，更要烂熟于心。"吕蒙听从了孙权的建议，他变得发愤图强，努力进取。之后有一次，鲁肃受命去和吕蒙商议事情，他与吕蒙坐席相谈。鲁肃听了吕蒙对天下大势的分析后，对其大为赞叹，直言吕蒙为江东良将。于是便有了"士别三日，即更刮目相待"的典故。

《礼记·大学》有云：修身，齐家，治国，平天下。要想治国平天下，首先得修炼自己各方面的能力，厚德方能载物。知识储备不足、眼界格局不宽、本领能力不强，一旦遇到组织托付的重任往往会"心有余而力不足"，对不起组织的信任。中国历史上"文能提笔安天下，武能上马定乾坤"的人物凤毛麟角，王阳明就是其一。王阳明，名守仁，是明朝弘治年间的进士。王阳明是一个罕见的全能型人才，不仅读书好，带兵打仗也一点不含糊。王阳明考取功名后，被朝廷委以重任。在军事上他平定了为患数十年的盗贼，被当地百姓奉若神明。在《明史》中就有对此事的记载，其中说道："（王阳明）平数十年巨寇，远近惊为神。"他还仅用35天就平定了宁王叛乱。在学术上，王阳明继续发扬儒家学说，开创了心学，与孔子、孟子、朱熹并称为孔孟朱王。王阳明作为著名的思想家、哲学家、书法家、教育家、军事家等，真正做到了立德、立功、立言。他的学问，被奉为儒家经典，影响了中国几百年的历史。

（三）从勤

忠于组织，就是要有兢兢业业、乐于奉献的精神。

"功崇惟志，业广惟勤"这句古语出自我国儒家经典著作《尚书·周官》，意思是取得伟大的功绩，首先得有远大的志向，而完成伟大的功业，就一定要勤勉工作。这就提醒我们在工作中要求真务实，发扬实干精神。

这句话的背景是周公灭了淮夷，回到王都丰邑，和群臣一起总结周王朝成功的经验，并代表周成王向群臣说明周朝设官用人的原则。同时，他告诫各级官长要忠于职守、勤于政务，说道：你们要认真对待你们的职责，不能怠惰忽略。你们要知道，功高是由于有志，业大是因为勤劳。周公本人就是这句话的最好践行者。周公姓姬，名旦，是周武王的弟弟，也是周朝建立的大功臣。他协助武王伐纣，辅佐成王治理天下，竭忠尽诚。武王灭商的第二年，武王病危，将他的儿子成王以及周朝社稷托付给了周公。执政后周公夙兴夜寐，鞠躬尽瘁，礼贤下士。他勤政到什么程度？"一沐三捉发，一饭三吐哺。"洗一次头要好几次握起头发停下来，吃一顿饭要好几次吐出口中的食物，起来接待到访的士人。而后便有了曹操《短歌行》中所描述的"周公吐哺，天下归心"的景象。在他的勤勉执政下，周朝日益兴盛。他一生的功绩被《尚书大传》概括为："一年救乱，二年克殷，三年践奄，四年建侯卫，五年营成周，六年制礼作乐，七年致政成王。"后世儒家将周公称为"元圣"，地位比孔子还要尊崇。现代著名历史学家夏曾佑说："孔子之前，黄帝之后，于中国有大关系者，周公一人而已。"

"为官一任，造福一方。"浙江永康出过一个名人，叫胡则，深受百姓爱戴。胡则是宋太宗、宋真宗、宋仁宗三朝的名臣，一生为官清廉，心系百姓，被尊称为"胡公"。胡则在政治上力主宽刑薄赋，他兴革弊政，勤政有为，治理有方，做了许多利国利民的好事。胡公上任杭州知州的第三天，就带领幕僚、工匠勘察钱塘江，修筑钱塘堤防。在他的治理下，钱塘潮患变为水利，使百姓能安心从事生产生活。崇祯九年（1636），胡氏子孙根据胡则遗留的祖训，制定了《胡氏家训》。《胡氏家训》把个人、家庭、家族与社会、与国家紧密地联系在一起，告诫子孙"以忠孝仁义为上"。

著名昆剧《十五贯》歌颂的主角"况青天"是明朝著名的清官况钟。

况钟在苏州担任了 13 年的知府，他通过一系列措施来减轻人民负担，稳定和发展经济。他对官僚主义深恶痛绝，因此在任期间对此实行彻底的、全面的清除，大幅度地纠正官场风气。他还重视破解冤假错案，力求还人民群众一片青天白日。为了更好地解决相关案件，他写好了一份日程表，一日调查一县，没有一天停止过。在他刚上任的八个月里，有超过 1500 起案件被他结清且没有一丝纰漏。在他的管理之下，当地土豪就没有敢做坏事的。除此之外，他还着手组织人手兴修水利、办学、推荐人才，操持其他繁重的事务，不辞辛劳、夜以继日地工作，最后因为过于劳累而病倒，不久就病逝了。况钟留下了《示诸子诗》《又勉子侄诗》作为"庭训"，来教育子侄勤俭务实、尚德修身。

人民干部就应该爱岗敬业、勤政为民。人民的好总理周恩来同志，为广大干部树立了勤政的标杆。中华人民共和国成立后，为了党的事业，周总理夜以继日忘我工作，心里念着党和人民的一切，却从不顾及自己，甚至累到连刮胡须都能睡着的地步，身体在最后的日子里消瘦到只有 30.5 公斤。在社会主义发展的道路上，还有像焦裕禄、王进喜、孔繁森等一大批兢兢业业、默默奉献的党员干部。旗帜永不褪色，奋斗在脱贫攻坚第一线的姑娘黄文秀不幸遇难，她用生命诠释了最美青春。正如雷锋日记中所说，无论在什么岗位，我们都要做一颗永不生锈的螺丝钉。

四、忠于职业

《论语·颜渊》中子张问政，子曰："居之无倦，行之以忠。"忠，就是对待工作勤勉奋进，永不松懈倦怠。梁启超在《敬业与乐业》一文中说道："怎样才能把一种劳作做到圆满呢？唯一的秘诀就是忠实。"遵从自己的内心，做自己喜欢的事情。忠于职业是一种以工作为乐趣，或是把兴趣变成工作，乐以忘忧、乐此不疲的工作境界。

（一）循性

忠于职业，就是应志趣相投、爱岗敬业、知行合一。

子曰：知之者不如好之者，好之者不如乐之者。兴趣是最好的老师。祖冲之是南北朝时期著名数学家、天文学家，但大家不知道的是，小时候的祖冲之也是父母眼中的"差等生"。小祖冲之的父亲祖朔之望子成龙，希望祖冲之在读书上有所成就，但是祖冲之对于背四书五经并不拿手，每次他背不好书，就受到父亲责罚。因长期被打骂，祖冲之越来越厌学。祖冲之的爷爷祖昌知道后，一边安慰孙子，一边对儿子说："你如此对待他，难道他会变得更聪明吗？照我看来，并非只有精通经书的人才能取得成功。"语罢，祖昌带着孙子离开了。之后，祖昌常常把孙子带去工程现场。孙儿对大山大河、田野村庄和各种建筑，都表现出浓厚的兴趣，尤其对于天文学知识特别喜欢。回到家后，祖冲之大量阅读有关天文学方面的书，越读越入迷。就这样，祖冲之走上了自然探秘的道路，并在数学、天文学等方面的研究上取得了卓越成就，成为全世界最早把圆周率数值推算到小数点后七位数的科学家，比西方科学家早了1000多年。

君子循性而动，各附所安。宋应星是明朝著名科学家，江西奉新县人。宋应星的曾祖父宋景，是明朝嘉靖年间重臣，曾担任刑部侍郎、工部尚书、吏部尚书等要职。在嘉靖二十六年（1547），他的曾祖和祖父相继去世，其父亲成为宋家唯一的孩子。但宋应星的父亲没有继承祖上的荣光，科考无数次却尽数落榜，从此把希望全部寄托在儿子身上。宋应星自幼聪明强记，过目不忘。万历四十三年（1615），宋应星和宋应昇一起参加乡试。没想到在1万多名考生中，宋应星考取全省第三名举人，哥哥宋应昇名列第六。通过乡试，宋家两兄弟立刻远赴北京参加会试，

然两兄弟均名落孙山。他们又前往江西九江的白鹿洞书院进修，准备三年后再考一次，没想到三年之后又落榜了。从此三年复三年，三年又三年，宋家二兄弟一连考了六次科举，全部落第。宋应星也从意气风发的青年变成两鬓斑白的中年大叔。在15年的科考之路上，他看尽官场险恶，便弃学还乡，开始寻求自己年少时的爱好。他曾写道："生人不能久生，而五谷生之。五谷不能自生，而生人生之。"意思是人需要五谷养活，五谷不能自己生长，需要人来种植，于是他细心地下乡和农民交流，从而写出《天工开物》的第一卷《乃粒》，从此一发不可收。他一生致力于对农业和手工业生产的科学考察和研究，他创作的《天工开物》被誉为"中国17世纪的工艺百科全书"。由此可见，通往成功的道路不止一条，我们选择职业要与自己的兴趣和性格相匹配，才能更长久地为之付出，有更大的动力。

三百六十行，行行出状元。有些人不擅长学习，动手能力却很强；有些人逻辑思维能力弱，但艺术造诣高；有些人看似"特别"，却在某一方面有惊人的天赋。很多时候也许只是没有找到自己的兴趣点，没有找对方向。这也是我国当前职业教育的意义所在。因此，我们在青年时就要结合自身兴趣，利用科学工具做好职业生涯规划，同时学会干一行爱一行。

（二）循律

忠于职业，就是应善于总结规律、善于发现问题、善于创新方法。

古代的科学发明都离不开对自然和科学规律的掌握。正如《周易·系辞上》所言，"引而伸之，触类而长之，天下之能事毕矣"。中国古代的四大发明无一不是人们反复实验、寻找规律创造的。古代医学自然也离不开对规律的应用。在中国古代，"前有神农尝百草，后有时珍著本草"。在生产力落后的古代，医者没有先进的实验设备，全靠以身试毒，只有一点一滴的积累、细致入微的观察、经年累月的尝试，才能对各种中草药进行辨别、归类、应用。正是古代医者们对自然的合理利用，中草药和中医才得以发扬光大，拯救天下苍生。

成功之人往往是善于观察和总结规律的人。鲁班被称为"中国木匠鼻祖"和"建筑鼻祖"。鲁班生活在春秋末期到战国初期，出身于世代工匠的家庭，从小就跟随家里人参加过许多土木建筑工程劳动，逐渐掌握了生产劳动的技能。最重要的是，鲁班工作时很细心、爱思考、有创新思想。他发明了很多手工工具，比如锁、雨伞、墨斗等，这些工具使用至今。有一次鲁班和徒弟们一起进深山砍树木时，一不小心脚下一滑，手被一种野草的叶子划破了渗出血来。鲁班觉得很奇怪，一根柔软的小草为何能割破手？他摘下叶片来细心观察，轻轻一摸，原来叶子两边长着锋利的齿，他用这些密密的小齿在手背上轻轻一划，居然割开了一道口子。鲁班大受启发。他想，要是有这样齿状的工具用来锯木，他不是也能很快地锯断树木了吗！因此，他不断尝试制作新工具，发明了锯子。[①]这便是鲁班造锯的故事。

世事洞明皆学问，人情练达即文章。观察、总结、思考、探索非常重要，我们在生活实践中要学会经常"复盘"。万事万物都有自己的规律，先尝试着做，然后再把规律搞清楚，办法自然就出来了。做事情不是光做完就了事，还得看效率效果如何。要边做边思考：有没有更好的方法去做这件事？如何做时间更少、效率/效果更好？如果闷着头做事却不动脑子，每做一遍都像做第一遍一样，那多数情况是力气用尽却事倍功半。

---

① 胡春良：《山西出土的春秋战国时期铜锯条》，《铸造设备与工艺》2021年第6期。

（三）循恒

忠于职业，就是应孜孜以求、坚忍不拔、持之以恒。

"天将降大任于是人也，必先苦其心志，劳其筋骨。"想要做成一件事，光有兴趣是不够的，还要学会"千磨万击还坚劲"的坚持。司马迁的祖上好几辈都担任史官，父亲司马谈也曾是太史令。司马迁从小秉承史官家训，立志和父亲一起修史成就千古名作。父亲离世后，他继承父志，接任太史令。然而命运弄人，当司马迁投入《史记》创作之时，他因替李陵辩护被汉武帝打入大牢，遭受腐刑，身心都受到了巨大的创伤。此时的他不再意气风发，甚至有求死的念头。但想到自己著书的使命还未完成，愧对史官职责、愧对父亲期望。想到"文王拘而演《周易》；仲尼厄而作《春秋》；屈原放逐，乃赋《离骚》；左丘失明，厥有《国语》……"他下定决心无论遇到多大困难，即使忍辱负重也要坚持完成著书。随后的几年里，他把从传说中的黄帝时代一直到汉武帝为止的这段长达3000多年的历史，编写成130篇、52万字的巨著。他以"究天人之际，通古今之变，成一家之言"的史识创作了中国第一部纪传体通史《史记》，被鲁迅誉为"史家之绝唱，无韵之离骚"。

成功绝非一蹴而就，既需要天赋，更需要长久的努力。东晋书法家王献之，在书法史上与王羲之并称"二王"。王献之习字的故事广为流传。他七八岁时，开始学书法，到十来岁时自认字写得不错了。有一次他父亲王羲之在他练的"大"字上加了一点成"太"字，他自信满满地拿给母亲看，想获得母亲的认可。他母亲看了看，说只有"一点"像你的父亲。王献之有些气馁，就追问，那字写得好有什么秘诀呢？王羲之看着有点急于求成的儿子，为了不让儿子骄傲自满而荒废天赋，指着院内的一排大缸说："你呀，写完那18口大缸水，字才有骨架子，才能站稳腿呢！"王献之听了心里很不服气，暗自下决心要显点本领给父母看。从此扑进书房，日夜临习，终成与父亲齐名的书法大家。

这正是现代人语境下的"一万小时定律"。一万小时定律是作家格拉德威尔在《异类》一书中指出的:"人们眼中的天才之所以卓越非凡,并非天资超人一等,而是付出了持续不断的努力。一万小时的锤炼是任何人从平凡变成世界级大师的必要条件。"在当今社会,很多能工巧匠、职业人才都是因后天坚持不懈的努力、遇挫不馁的精神、坚忍不拔的毅力才成为各行各业中的业务标兵。

从"忠"的历史故事中,我们可以看出,忠的丰富内涵和对现代社会的启示。现在我们再谈论忠,便知道什么是忠。《左传·昭公元年》曰:"临患不忘国,忠也。"无论面对灾祸还是困难,始终将国家和人民利益放在首位,这是忠。《左传·桓公六年》曰:"上思利民,忠也。"在位者一切从人民利益出发,一心为人民谋福利,造福人民,这是忠。《战国策》曰:"竭意不讳,忠也。"敢于进谏,据理直言,这是忠。《六韬·六守》曰:"付之而不转者,忠也。"不因压力就畏难,不因诱惑而转变,这是忠。凡此种种,皆为我们当代社会主义核心价值观的践行提供了理论来源和道德标准。

五、结语:刻在中国人骨子里的道德准则

见贤思齐。在新时代中国特色社会主义建设中涌现出了一大批忠于国家、忠于组织、忠于职业,致力于为祖国谋发展、为人民谋幸福的先进模范人物:为了祖国核弹事业奋斗28年未回家的功勋于敏、誓死守卫领土安全的海空烈士王伟、致力解决国人温饱问题的袁隆平院士、立志改变中国落后科技的钱三强院士、疫情当前"国士无双"的钟南山、忠诚为党为民的黄文秀、为乡村教育奉献一生的张桂梅、一生钻研青蒿素的屠呦呦……他们或久久为功、勇攀高峰;或攻坚克难、使命必达;

或具有钢铁意志、英勇献身，为中华民族伟大复兴前仆后继、接续奋斗，为建设中国特色社会主义奉献一切。

经历千年传承的中华传统美德是涵养中国人思想道德的灵魂，是构筑中国人时代精神的血脉，是新时代道德建设的不竭源泉。忠德思想作为新时代中国特色社会主义道德建设的重要组成部分，涵括的积极影响毋庸置疑。我们应当在文化自信中认识中华传统美德的时代价值，积极挖掘中国历史中丰富的道德资源，讲好中国故事，传承优良家风，将蕴藏在忠德思想里的中国智慧不断提炼，使从历史案本中延续走来的忠德思想，在新时代中国特色社会主义道德建设中再续华章。

课后资料

一、课后思考题

1. 请结合《三槐堂铭》的内容，分析王祐及其后代为何能够多有仁德贤能者，并探讨家风的重要性。

2. 请结合社会主义核心价值观简述家风思想中"忠"的三层含义。

3. 请思考"民惟邦本，本固邦宁"所表达的内涵及其重要性。

4. 请思考令尹子文"毁家纾难"的行为表现了哪种忠，在当代社会有类似的故事吗？

5. 请解释"忠"字的起源及其在《说文解字》中的解释，并分析其在儒家文化中的地位。

二、拓展阅读

1.《论语》，杨伯峻，杨逢彬注译，杨柳岸导读，岳麓书社2018年版。

2.刘宝楠：《论语正义》，中华书局1990年版。

3.司马迁：《史记》，崇文书局2010年版。

微课

练习题

孝：动天之德，莫大于孝

　　孝是儒家文化的体现，也是中国传统优秀文化的重要组成部分。在中国文化中，孝有多层文化内涵：在对象上面，有对在世的父母之孝，对父母要恭敬奉养，对父母要尊重；有对已故的先人之孝，要在相关节日祭祀先人。基于这样的孝道，除夕、清明节、重阳节、中元节，成为中国人体现孝道的四大传统节日。在深度上面，孟子说"老吾老以及人之老，幼吾幼以及人之幼"。狭义上的孝是奉养父母，广义上的孝是尊敬奉养老人。这体现了中国人的人文关怀，奉献社会，扶贫济困。在这些基础上，对单位尽忠，对国家尽责才能得到体现。子曰："其为人也孝悌而好犯上者，鲜矣。不好犯上而好作乱者，未之有也。君子务本，本立而道生。孝悌也者，其为仁之本与？"足可看出，孝是我国社会和道德规范的基础。孝体现了中国人的敬本思想，是外在的行为和内在的自觉的统一。

一、溯源探义说"孝"

对于"孝"字结构，东汉时期许慎在《说文解字》中将其描述为"从老省，从子，子承老也"，"孝"字早在殷商时期的甲骨文卜辞中便有记载，为上下结构，该字的上部分是用长长的毛发代指老人，下半部分是"子"呈托举样态。到金文阶段，"孝"字字形稍有变化，上半部分的"老"对下半部分的"子"开始呈现半包状态。

甲骨文　　金文　　小篆　　秦篆　　楷书

此后，无论是篆体还是隶书，直到今天的简化汉字，"孝"的字形都可以理解为上面是一个老字，下面是一个子字。人类生生不息，正是以血缘为纽带，有老才有子，体现孝中之顺。孝的小篆写法非常像一个老人，躬身驼背，用手爱抚下面的小孩，这体现了父母对子女的呵护。而下面的小孩，很温顺地顺从老人的爱抚，体现了子女对父母的尊重，对父母养育的感恩。所以这里体现出来的孝，带有报恩的色彩。在中国的传统文化中，有一个说法，就是羊有跪乳之恩，鸦有反哺之义。据说乌鸦年老了，飞不动了，不能去找食物的时候，小乌鸦会出去觅食，并把吃进去的食物吐出来给老乌鸦吃，来报父母之恩，这就是动物长大后反过来赡养父母的行为；而小羊羔在喝奶的时候是跪着的。

第一个从文字的角度解释"孝"的是东汉人许慎。《说文解字·老部》说："孝，善事父母者。从老省，从子，子承老也。"。当今学者对"孝"的金文字形的解释与许慎的上述说法大体相同，不过更加具体、形象。如徐中舒先生主编的《汉语大字典》说："金文'孝'字部上部

像戴发伛偻老人。唐兰谓即'老'之本字。'子'搀扶之，会意。"康殷先生的《文字源流浅说》分析得更有趣："像'子'用头承老人手行走。用扶持老人行走之形以表示'孝'，大约殷人还没有明确'孝'的道德观念。"看来，"孝"的古文字形和"善事父母"之义完全吻合，于是人们深信不疑："孝"的初始含义就是"善事父母"。因而孝必须是对父母发自内心的敬，是一种自觉的、发自本心的情感。如果只是止步于物质的供养上，就不是真正的孝顺。子女要做到孝顺，最不容易的就是对父母和颜悦色。仅仅是有了事情，儿女替父母去做，有了饭，让父母吃，这并不是完整的孝。

"孝"的含义发展到周朝步入了成熟期，成为被人们普遍接受的一种观念。"孝"字在周朝金文及文学作品中频繁出现。金文中的"孝"大多是以求子为目的的一种祖先祭祀，即祈求祖先的在天之灵保佑多子多孙。例如，《追簋》："用享孝于前文人。"《仲自父盨》："用享用孝于皇祖、文考。"这大概跟金文所载的器皿大多用于祭祀有关。同时这也表明周人的"孝"观念中已渗入了祖先崇拜、后辈承志的因素。"孝者，善继人之志"，孝顺的人能够继承家族先祖的美德和精神追求，成为家族文化和传统的继承人，这也是孝行所应该达到的最高境界。

"敬孝""志孝"分别代表不同程度的孝道，它们相辅相成，相互促进。而二者的传承与践行，首先是要从行孝之人自身做起，言传身教，通过自持中正和换位思考，建立和善有序的家庭关系，实现"孝道"代代相传，以此来彰显作为中华儿女"百善孝为先"的传统。

回溯中华千年，孝的含义不断被丰富，但其内在伦理关系始终如一，即子女要认真处理好对待父母等长者的关系。因此，从孝行的践行方式上，孝体现在三个层面。

第一是敬孝。《论语·为政》："盖犬马皆能有养，不敬何以别乎？"《孝经》曰："孝子之事亲也，居则致其敬，养则致其乐。"

第二是和孝。家和万事兴，孝不仅表现在对父母的敬孝，还表现在通过让家庭和睦，以彰显对父母的和孝。

第三是继孝。子女行孝应贯穿父母人生之始终，敬孝、和孝可以理解为事生，那么由"孝"延伸的继承是事死。

二、敬孝之道

从孝的字源和字义来看，敬父母双亲是人类的天性。孔子认为："孝子之事亲也，居则致其敬，养则致其乐。"此语点出了"敬孝"的双重含义：事亲与乐亲。

（一）事亲

事亲，即子女以虔敬之心在物质上赡养父母，在行动上尽心照顾父母。《孟子·离娄上》曰："事孰为大？事亲为大。"古人以物质上赡养父母为孝之首则。如孔子的弟子子路，他是春秋末鲁国人，为孔门十哲之一，在孔子的弟子中以政事著称，尤以勇敢闻名。子路小的时候，家里很穷，长年靠吃粗粮野菜度日。有一次，年老的父母想吃米饭，可是家里一点米也没有，怎么办？子路想到要是翻过几道山到亲戚家借点米，不就可以满足父母的这点要求了吗？于是，小小的子路翻山越岭走了十几里路，从亲戚家背回了一小袋米。看到父母吃上了香喷喷的米饭，子路忘记了疲劳。邻居们都夸子路是一个勇敢孝顺的好孩子。

（二）乐亲

乐亲，即子女孝敬父母，使父母心情愉悦。汉蔡邕《陈留太守胡公碑》曰："孝于二亲，养色宁意。""养色宁意"即"乐亲"之意。

例如，春秋时期的老莱子以孝闻名。为了让父亲高兴，他养了几只声音动听的小鸟，每每引得鸟儿欢叫，他的父亲听了感到很开心。老莱子72岁的时候，为了让双亲高兴，他身穿彩色衣服，做婴儿般的动作，因此常常惹得父母大笑，心情愉悦，可谓"乐亲"之典范。

又如东汉时的黄香，是历史上公认的"乐亲"的典范。黄香从小家境困难，十岁便失去母亲，父亲又体弱多病。闷热的夏天，他在睡前用扇子扇打蚊子，扇凉父亲睡觉的床和枕头，以便让父亲早一点入睡；寒冷的冬夜，他先钻进冰冷的被窝，用自己的身体暖热被窝后才让父亲睡下；冬天，他穿不起棉袄，为了不让父亲伤心，他从不叫冷，表现出欢呼雀跃的样子，努力在家中造成一种欢乐的气氛。他的这些举动，让多病的父亲感到非常宽心和欣慰。

孝：动天之德，莫大于孝

三、和孝之道

和，即和睦、和谐，所谓家和万事兴。"孝"不仅体现在对父母的敬孝，还体现在对父母要和孝。所谓"天道酬勤，人道酬诚，家道酬和"，就是营造和睦和谐的家庭氛围，以此来表达对父母的孝。

（一）和道

和道，指的是要遵循、遵守家规以实现家庭和睦，以此来显孝。

古人重和道，如孔子弟子闵子骞，他年幼时丧母，后父亲再娶后妻，生了两个儿子。继母给自己的孩子做了厚实的棉衣，给闵子骞的棉衣，却只用芦花胡乱填充。闵子骞的父亲命闵子骞驾车，他却因为衣薄体寒，不慎让马车失去了控制，父亲一怒之下抽了闵子骞一鞭子，不料将他的棉衣抽破了，露出里面的芦花。父亲这才知道闵子骞所受到的虐待，气愤不已，执意要将继母休掉，将她赶出家门。然而，闵子骞为了家庭的和睦，对父亲说："母亲在的时候，只有我一个人寒冷，可是如果母亲不在的时候，家里的三个孩子就都要受凉挨饿了。"父亲深受感动，便没有再坚持休妻，继母也因此明白了自己的过错，从此以后对闵子骞视若己出，一家人和睦相处，生活愉快。

又如北宋著名文学家、书法家黄庭坚，他极重视家训家规，他的儿子黄相十岁时，黄庭坚作《黄子家诫》一文诫之，他说一个家族能够繁荣兴盛的前提，是家族内部和谐和睦，"无以小财为争，无以小事为仇"，"无以猜忌为心，无以有无为怀"。他作《家诫》一文以为家训家规的一部分，告诫自己的儿子"吾族敦睦当自吾子起"，要维护家族内部的和睦。

（二）和理

和理，即不能机械地遵守家规、听从父母，如当父母有错误时，以恭敬、委婉、含蓄的方式指出其错误，而不是迂腐听从。孔子云："事父母几谏。"即侍奉父母，如其有过失，则要轻微委婉地劝止。《大戴礼记·曾子本孝》亦云："君子之孝也，以正致谏。"即君子之孝，体现在若父母有过失，则需要以正道善道劝净。清朝名儒刘沅在其《家言》中强调："父母有过，阿意曲从，反为大不孝。若有大过，必委曲解救，毋使其事毁德。"皆和理之义。

唐太宗李世民年轻时随父亲李渊征战，有一次李渊想连夜奔袭一处敌营，但是李世民认为风险过大，不仅会出师不利，可能还面临被包围的风险。如此劝谏再三，李渊仍然不予采纳。眼见大军要出发了，李世民这时便在李渊帐外号啕大哭起来，哭得非常伤心，李渊感到奇怪，就出去问李世民为何大哭，李世民说："本想劝父亲放弃这次行动，但是父亲没有采纳，因此非常难过。"李渊看他情真意切，所说的也有道理，

于是便放弃了这次行动，避免了一场军事上的败仗。李世民对父亲的失误，能够委婉、恭敬地指出并劝止，体现出为人子的和理之孝。

《后汉书·列女传》中亦载女子巧妙劝谏婆婆的故事。有一次，邻居家的鸡误入了自家的菜园，婆婆佯装不知，把鸡捉来杀掉，做成了鸡汤。女子吃饭的时候，没有任何举箸的意思，反而流下了泪水。婆婆很奇怪，问她为什么要哭，她说："我感慨自己没有本事，使家里贫穷，不得不吃别人家的鸡肉。"婆婆听了以后，幡然悔悟，将鸡肉弃而不食。对于婆婆的过错，做儿媳的能够以委婉的方式规劝，亦体现出和理之孝。

（三）和情

和情，即能与父母共情，能换位思考父母的处境，更好地行孝。

汉朝的韩伯愈是有名的孝子。韩母家教严厉，每次犯了错，便会用木杖打他，但他从无怨言。有一次他做错事，母亲又用木杖打他，打完之后，韩伯愈突然哭泣起来，哭得异常伤心，母亲感到很奇怪，问他："以前教育你的时候，你从来没哭过，今天怎么哭起来了？"韩伯愈说："以前您打我，我感到很痛，说明母亲身体健康，尚有力气。今天您打我，我却感觉不到痛了，我因此知道母亲的精力衰退，手上没有力气，恐怕以后我能侍奉您的日子不多了，因此伤心地哭泣。"韩伯愈被母亲杖笞，非但没有心生怨艾，反而体谅母亲的身体，可谓得和情之孝矣。

四、继孝之道

继孝是孝道的又一层面。敬孝与和孝之道是对父母在世的践行之道的探讨，那么父母故去后，孝道该如何呢？由"孝"延伸的事死可以理解为三个方面：一继其铭，二存其物，三承其志。可以分别概况为铭继、

孝：动天之德，莫大于孝

055

存继、志继。

（一）铭继

铭继，指子女将父母的教诲之语整理成家训以铭记、遵守、践行，如《庭训格言》就是康熙皇帝在日常生活中对子孙们的训诫，由雍正皇帝于雍正八年（1730）追述编辑而成。

清朝名臣曾国藩的外孙聂其杰是有名的实业家，曾留学美国，回国后致力教育救国、实业救国。他既是商人，曾任上海总商会第一任会长，又是儒者。他重视聂家、曾家的先祖家训，将家训出版成书加以推广，还创办《聂氏家言旬刊》（后改为周刊《家声》）等家庭刊物，"宗旨是联络家庭之情感，而切磋其道义"，从1917年起办了逾十个年头。这成为中国乃至世界仅见的文化现象。聂其杰为保家声不坠遗传家训，家训内里的价值体系有不少精华，从中可见家国责任之思与济世情怀。

（二）存继

存继，指的是子女对父母的遗物进行保存、继承。这既是对父母的缅怀，也是传承家族文化。清朝学者徐乾学的藏书楼"传是楼"落成后，他召集五个儿子教导他们勤勉读书，指着藏书说："所传者惟是矣！"五个儿子承继了父亲宝贵的藏书遗产，不负父望，都学成考中进士，这成为世所罕见的"五子登科"。

被称为中国孔氏"第三圣地"的婺州南孔，是曲阜北孔、衢州南孔之外最有名的孔氏家族分支。榉溪民国《孔氏宗谱》，藏于榉溪本处原有五套：公谱藏于家庙，孔氏长房、孟房、仲房、季房各一套。可就在"文革"时期，由于有人举报和来不及转移，除了长房所藏一套，其余全部付之一炬。"文革"期间，长房孔子76代孙孔森木，冒着被批斗和迫害的风险，挑着祖上传下来的两箱35卷宗谱，藏于山上岩洞之中，

稍有风声，又挑着谱，转移他处，就这样年复一年，东躲西藏，终于熬到了"文革"结束，珍贵的家族文献才得以留存，如今已成为我们研究婺州南孔及孔氏家风家训的重要文献。

（三）志继

志继，指的是对父母的遗志进行继承，秉承遗志，显亲扬名。汉朝桓宽在《盐铁论·孝养》中提到上孝为养志，其次为养色，再次为养体。司马迁克服困难、忍受耻辱，以一己之力完成了中国历史上具有划时代意义的鸿篇巨制《史记》，就是为了实现其父司马谈的遗志。

中国共产党的创始人之一李大钊先生的女儿李星华，继承父亲的遗志，毅然决然地加入了中国共产党，成为党的地下工作者。她参与掩护党的行动，营救被捕的地下工作者，立志要成为和父亲一样的人，但因为情况的变化，她曾经几次失去了和党的联系，但始终坚持做着党的工作。李星华经历了父亲的壮烈牺牲，变得十分的理智，始终致力于党的工作，在延安工作时期，为党培养出了许多优秀的人才。中华人民共和国成立之后，李星华分别在师大女附中和马列主义学院第二分院任教，始终致力于教育行业的发展。

近代著名实业家张謇，秉持着强国、富国之目的，兴办实业，为近代民族工业的发展起到了不可忽视的作用。其独子张孝若，亦是民国时著名的实业家、教育家。他继承其父的爱国主义精神，积极创办实业、投身教育，取得了令人瞩目的成就。张孝若幼女张聪武，亦承先辈遗志，毅然投身抗日战争之中，1938 年 4 月，不幸牺牲在敌军的枪口之下。张孝若、张聪武等人对先辈爱国主义精神的继承与实践，显示出他们志继之孝道。

孝：动天之德，莫大于孝

五、结语：百善孝为先

时移世易，星燧贸迁，中国社会在方方面面都发生了深刻的变化，今天我们如何理解"新时代孝道"？

孝道文化作为中国文化的有机组成部分，在中国哲学、中国文化中占据重要地位。在现当代文化的发展与演变中，文化的时代背景发生了巨大变化，孝的内容和形式会随着时代不同而发生变化，但孝文化的核心内容，应该在全社会大力推广，形成尊老敬老爱老的良好风气。除了日常所说的孝老敬老，"平等""尊重"也应该是新时代孝文化的重要内容，"孝"不只是子女对父母的绝对付出和照顾，父母不只是被照顾的对象，让父母感到平等、受尊重，有尊严、有价值感同样重要。《孝经》里说："夫孝，始于事亲，中于事君，终于立身。"后世称这三个层次为小孝、中孝，大孝。"夫孝，始于事亲"，也就是说一个人的孝要从事亲开始。事亲即侍奉双亲，"事"就是侍奉，"亲"就是双亲，这里特指父母。"中于事君"的"中"就是"其次"，此句意为其次是侍奉君王，忠于君王。我们每个人到了一定年龄就要步入社会，走入职场。工作对于我们而言既是为养家糊口，又是为国家、社会做贡献，爱岗敬业，把自己分内的工作做得出色，为国家和社会做贡献。在时代价值的变迁过程中，我们可以将"孝"的新时代价值理解为"小孝孝于亲、中孝孝于世、大孝孝于国"。

不管是大人物还是小人物，孝敬父母的言行永远是最美的。"养亲"是孝的基础，既是为人子女最起码的责任与义务，同时侍奉父母双亲的过程，也是一个人学习敬人、爱人的过程，是养成恩义、情义、道义等优秀品德的道场，是保护好人性的必修课。

在新时代价值引导下，浙江丽水人雷明春自从接过爷爷手中的"爱心棒"后，始终信守誓言，用心照料残障"亲人"雷延德，让他每天衣

食住行不愁，温暖关怀不缺，脸上洋溢着孩子般纯真又幸福的笑容。36年的朝夕相处，雷明春已经能读懂雷延德的每个眼神和动作。2010年，65岁的雷延德上山割草，不慎被五步蛇咬伤，被发现时他已中毒严重，腿肿得像冬瓜一样，神志模糊、生命垂危。雷明春心疼得直掉眼泪，一边耐心抚慰雷延德，一边紧急将他送往医院救治。在雷延德住院的半个多月里，雷明春和妻子轮换着坚持守护，日夜照看。不知情的病友们还连连夸赞夫妻俩真是孝子贤媳，雷明春却只是笑而不语。雷明春承祖父训诫，真正做到了"老吾老及他人之老"。

时代变迁带来了一些让人猝不及防的变化，但是社会的进步也会提供解决问题的途径和方案。因此，只要用心琢磨，大家都会做得非常好。相信我们中华民族的孝道，也能够在新时代表达得更好。新时代的孝文化内涵的终极方向始终不变。

课后资料

一、课后思考题

1. 请阅读《论语》中对孝道的论述，举例说明孝道的几层内涵。

2. 举例说明孝道对家族、个人的影响。

3. 结合当今的例子，阐述孝道三层内涵的价值与意义。

4. 请结合社会主义核心价值体系，谈谈该如何继承和发扬孝道？

二、拓展阅读

1.《论语》，杨伯峻，杨逢彬注译，杨柳岸导读，岳麓书社 2018 年版。

2. 金良年撰：《孟子译注》，上海古籍出版社 1995 年版。

3. 司马迁：《史记》，崇文书局 2010 年版。

微课

练习题

悌：兄友弟恭，爱传万家

　　2013 年，在武汉黄陂有一对兄弟刘培、刘洋被大家称赞，令人感动。这一年的六月，他们的父亲在工厂上班时发生意外，导致全身96% 的皮肤被重度烧伤，生命垂危。起初，医院从两兄弟的父亲身上取皮移植，但手术效果不佳，医院提出了只能从两个儿子身上取皮的方案。取皮存在很大风险，刘培、刘洋兄弟俩都试图说服对方，用自己的皮肤去挽救父亲。就在双方争执不下时，七月下旬，哥哥刘培趁弟弟上班时，偷偷签下了手术单，他愿意一个人扛下所有的痛苦，不想让弟弟受到伤害，抢先将身上 10% 的表皮移植给了父亲。与此同时，为了替父亲筹集巨额手术费，弟弟刘洋不顾家人的反对，毅然将交完首付几个月的一套新房变卖，所剩 20 余万元全部用作父亲的治疗费用。当父亲第三次需要进行移植手术时，弟弟刘洋抢着签下了手术合同。兄弟俩"接力"参与皮肤移植手术的事情感动了社会，很多素不相识的人给他们送来爱心善款，帮助他们筹集医疗费用。他们争相割皮、救治父亲，被网友们称赞为新时代的"孝悌兄弟"。回望历史，追根溯源，这感天动地的事迹不正是中国传统伦理文化中"悌"德的彰显吗？"悌"德从古至今，代代相传。

一、溯源探义说"悌"

甲骨文	金文	大篆	小篆	隶书	楷书

"悌"字的产生，要从"弟"字讲起。在甲骨文中，"弟"的字形像一根木棍上缠绕了一圈圈绳索。因为绳索是一圈一圈有次序地缠绕，所以便有了"次第"和"次序"的含义。在此基础上，进一步引申出"弟弟"的意思，指家中排行较小的男子。金文的"悌"字和大篆中的"悌"字发生了一些变化，原本表示木棍的象形文字现为"戈"字，戈在古代是一种兵器，但因表示绳索缠绕的象形文字没变化，"弟"表示"次序"的含义也延续下来。由于"弟"字长期作为假借字，用作表示"递""梯""娣"和"悌"等包含次第意思的字，为区分使用，在"弟"的旁边，加上不同的偏旁，明确这些字的具体内涵。到了小篆，在"弟"旁加竖心旁，以表示弟弟对哥哥的敬爱之情，也就形成了区分后的"悌"字。隶书继承了小篆的字形，"悌"字从心，弟声。

"悌"在《说文解字》中，曰"善兄弟也"，贾谊《道术》中也曰"弟爱兄谓之悌"。故"悌"的本义是指弟弟对哥哥的敬爱之情。因"悌"左边是"心"字旁，右边是"弟"字，也可以解读为哥哥心中有弟弟，表示哥哥对弟弟的关心、爱护。

在中国传统文化中，"长幼有序"的观念根深蒂固，它是家族、国家得以稳定的因素之一。"悌"从弟弟对哥哥的恭敬，扩大到弟弟对姐姐、妹妹对哥哥的恭敬。因"悌"字也有哥哥对弟弟的关爱之意，所以，"悌"也可以表示哥哥对弟弟妹妹、姐姐对弟弟妹妹的关心爱护。基于此，"悌"的范围从兄弟间的恭敬友爱扩展到了兄弟姐妹间的恭敬爱护。

《论语·学而》中写道："弟子入则孝，出则弟，谨而信，泛爱众，而亲仁。"这是"悌"由内向外延伸，将在家对待父母兄弟姐妹的态度延续到对待非血缘关系的其他人。"悌"从家庭伦理关系扩大到社会伦理关系。所以，当我们用对待兄弟姐妹的恭敬友爱的态度去对待没有血缘关系的朋友，彼此定会情谊深厚。例如，"结拜兄弟"一词，指的是非血亲关系的人因感情亲密而结义为兄弟。又如"情同手足"一词，表示朋友间亲密无间、信任和支持的关系，像兄弟一样。"悌"的关系范围从家族内部向外扩展到具有情感联系的朋友间。

《论语·颜渊》中记载道："君子敬而无失，与人恭而有礼，四海之内，皆兄弟也。"从这一层面上讲，"悌"的关系范围再一次超出有血缘关系的兄弟姐妹，甚至包括非血缘关系的朋友，向更大的天下所有人这一范围扩展，"悌"是一种人间大爱。

"悌"在范围上的不断向外扩大，也使"悌"的内涵不断演绎，有了三种类型的"悌"。首先，最内层的"悌"，是一种兄弟姐妹间的"孝悌"，它将对父母在纵向层面的"孝"，延伸到了横向上兄弟姐妹间和睦相处。"悌"是"孝"的间接体现，是"孝"的延伸。其次，"悌"向外突破家庭伦理，到朋友间行"忠悌"，即对朋友言而有信，关心帮助，这也是真朋友的标准。最后，"悌"向更外层扩展，在四海之内行"仁悌"，以一颗博爱之心帮助别人走出困境，造福他人。

二、孝悌

　　"悌"作为"孝、悌、忠、信、礼、义、廉、耻"这"八德"中排序第二的伦理道德，它常和"孝"一起合用，如"首孝悌""尧舜之道，孝悌而已矣"。这不仅是强调"孝悌"的重要性，还因为"悌"是"孝"在横向上的延续，是间接"尽孝"。《弟子规》里写道："兄道友，弟道恭。兄弟睦，孝在中。"这句话的意思是兄长要关爱弟弟，弟弟要尊敬兄长。兄弟姐妹和睦相处，对父母的孝心也就包含其中了。由此可见，"兄友弟恭"的核心思想是"孝"和"悌"。"长兄如父"一词也常表示父母不在时，哥哥的地位就如同父母一般，对哥哥的恭敬实际上就是对父母"尽孝"。基于此，兄弟姐妹间的和睦相处，是父母最愿意看到的，也是对父母尽孝的体现。故"孝悌"表现在三个层面：一是从态度和行动上兄弟姐妹彼此间尊敬爱护；二是在兄弟姐妹有困难的情况下代为尽孝，帮助抚养兄弟姐妹的孩子；三是在自己的能力范围内，在合理合法的情况下，帮助家族内部的兄弟姐妹，让家族发展得更好。

（一）敬上爱下

　　"悌"不是桎梏人的礼教，而是兄弟姐妹间的一份真情。在"悌"的关系范围内，"敬上"是弟弟妹妹对哥哥姐姐能够恭敬有礼，而"爱下"是哥哥姐姐对弟弟妹妹也能悉心爱护。这种"敬上爱下"，不会因为兄弟姐妹的社会地位而发生改变，无论他们在外面如何呼风唤雨，位高权重，在对待兄弟姐妹时，依旧遵循"长幼有序"，尊敬爱护对方，和普通人一样。

　　《新唐书·李勣传》中记载这样一个故事：唐太宗李世民身边有一位大将，名叫李勣，因战功赫赫，曾被封为宰相。按理说，古代这样的大官家里仆人众多，吃穿都有人伺候。然而，有一次，他的姐姐病了，他亲自下厨为她煮粥。恰好一阵风吹过，煮粥的火烧着了他的胡须，姐姐很是心疼，劝他："你的仆人那么多，为什么自己要这样辛苦呢？"李勣却说："怎么会是因为没有人煮粥呢！只不过如今姐姐年纪大了，我自己也老了，就是想长久地给姐姐烧火煮粥，又怎么可能呢？"在姐姐面前，李勣和普通人一样，希望在有限的时间内，以弟弟的身份，亲自煮粥，照顾姐姐。两人的姐弟情深，也成为佳话。后人就把兄弟姐妹之间的深厚感情比喻为"煮粥焚须"。

　　提及司马光，大家总会想到他小时候机智砸缸救人的故事，也会想到他编撰的《资治通鉴》，而他友爱兄弟的故事，更是流传千古。司马光和哥哥司马伯康感情特别好，当司马光退居洛阳的时候，每次返乡探亲，总会探望兄长，他对哥哥既敬重又关怀备至。当时司马伯康已80岁了，而司马光也年事较高，但侍奉哥哥就如同侍奉父亲一样尽心尽力。每次吃完饭不久，司马光总会亲切地问候哥哥是否吃得好。每到季节变换时，司马光都会关注哥哥的衣食住行是否舒适，时时关注，如同照顾婴儿般无微不至。司马光对待兄长可谓是恭敬、爱护到了极致，让后人铭记与效仿。

　　父母去世，兄弟姐妹还能够彼此关心照顾，才显得更加难能可贵，也让九泉之下的父母感到安心，是"孝"的体现。汉朝时，有一位哥哥，名叫卜式，在父母去世后，虽然他和弟弟分家，但是他把家里的财产都让给了弟弟，自己只要了100多只羊。十多年过去后，哥哥卜式羊群养殖到了上千头，日子过得很富庶，不仅购田置地，还建造房屋。可这时的弟弟，由于生意一落千丈，生活过得十分窘迫。于是卜式毫不犹豫地把自己的财产分了一半给弟弟。作为兄长，他担负起照顾弟弟的责任，让九泉之下的父母放心，令人尊敬。知晓此事的人都纷纷表扬卜式重亲情、不爱财。

　　兄弟姐妹间的恭敬友爱，是有原则和底线的，否则就是溺爱，甚至

悌：兄友弟恭，爱传万家

是愚"悌"。特别是在大是大非面前如父母一般劝说与教导，尤为重要，这可以避免他们走上歧途。

汉朝时期，有一位叫郑均的少年，他的哥哥是县衙的小官，时常收别人送来的礼物。虽然，郑均多次劝说哥哥不要收别人的礼物，但是哥哥依旧我行我素，没有改变。于是，郑均便去给人家当佣人，过了一年多回来，他把辛苦工作所换来的金钱布帛都给了哥哥，并对哥哥说："东西用完了，可以再靠劳动赚钱来买，可是做官如果犯了贪污受贿的罪，那么一生的名誉都将毁于一旦。"郑均用自己的行动感动了哥哥，从此哥哥改过向善，成为一个廉洁的好官吏。而郑均自己后来也成为一名清官，因品德廉洁，人称"白衣尚书"。

曾国藩的家书，许多内容都与兄弟有关，多教导兄弟们要自修、养性。曾国藩的家书里还指出对兄弟姐妹的关爱要把握一个合适的度。他在家书中写道："至于兄弟之际，吾亦惟爱之以德，不欲爱之以姑息。教之以勤俭，劝之以习劳守朴，爱兄弟以德也；丰衣美食，俯仰如意，爱兄弟以姑息也。姑息之爱，使兄弟惰肢体，长骄气，将来丧德亏行。是即我率兄弟以不孝也，吾不敢也！"由此可见，作为兄长的曾国藩，始终将教导兄弟看作是自己的责任，如果没有做好，就是对父母没有尽孝。特别是对弟弟曾国荃，他多次敲打和训诫。同治元年（1862），曾国藩发现了作为前线指挥官的弟弟曾国荃开始变得膨胀，有时到处"乱放炮"，发表一些对朝政不满的言论，对此，曾国藩对曾国荃严厉训诫："至阿兄忝窃高位，又窃虚名，时时有颠坠之虞。吾通阅古今人物，似此名位权势，能保全善终者极少。"也是这年的七月，听说曾国荃又买房子置地后，他又发来书信说："良田美宅，来人指摘，弟当三思，不可自是。吾位固高，弟位亦实不卑，吾名固大，弟名亦实不小。"这是告诉他如果还不满足，祸患也就快来了。曾国藩的预见在后来也得到了印证。在攻下天京后，慈禧不仅没有对曾国荃进行奖赏，而且不断责难，

甚至要拿洪秀全儿子逃脱问罪曾国荃。其实，洪秀全的政权已经土崩瓦解，十几岁的孩子完全没有威胁，但是其根源还是慈禧发现了曾国荃的不断膨胀和邀功。可见，曾国藩当时是非常有先见之明的。

一个人若在兄弟姐妹间能做到恭敬有礼，关爱有加，自然也会在家族内部尊敬长者，爱护年幼者。从某种程度上而言，这是父母教子有方的结果，父母对子女的德行满意，也间接体现了子女对父母的尽孝。

（二）共孝共养

"共孝"体现在父母赡养上，有些兄弟姐妹因在外地工作且工作繁忙，无法在父母身边尽孝时，其他兄弟姐妹就会替他们承担起照顾父母的责任。不在身边的兄弟姐妹，也会在钱物方面尽孝。兄弟姐妹不斤斤计较，尽自己所能，齐心协力，让父母安度晚年，健康长寿。"共养"则是把兄弟姐妹的孩子当作自己的孩子抚养，既能为兄弟姐妹分忧解难，也能让自己的父母感到欣慰。

热播电视剧《人世间》中，周秉坤作为家中的小儿子，和哥哥姐姐相比，虽然没有什么大出息，但是在父亲外出工作时，他和媳妇郑娟承担起照顾植物人母亲的责任，任劳任怨，让姐姐和哥哥在北京大学安心读书。后来，哥哥成为领导，姐姐在大学里教书，都因为工作繁忙，且远在外地，无法经常在父母跟前尽孝，还是周秉坤和他的媳妇郑娟一直尽心尽力地照顾父母，直至父母去世。这部电视剧正是通过弘扬这种人世间的美好品德，传递正能量，而广受观众喜爱。但反观现实，有些兄弟姐妹在赡养父母问题上斤斤计较，有些甚至不赡养父母，还为赡养父母闹上法庭。

此外，在电视剧《人世间》中，周秉坤姐姐的女儿玥玥，因父母在北京读书工作，是小舅舅周秉坤和小舅妈郑娟抚养她长大的，因此对小舅舅和小舅妈的感情很深。

现实生活中，抚育兄弟姐妹子女的例子也比比皆是。周恩来总理的二弟周恩寿因为职位低，待遇不高，住房也紧张，加上孩子多，所以周恩来把二弟的女儿周秉德接到中南海抚养。周秉德与周恩来、邓颖超在一起生活了15年，直到27岁出嫁。周秉德在周恩来、邓颖超的培养下，秉承了他们美好高尚的品德，为人踏实，认真向上，工作兢兢业业，十分优秀，曾担任中国新闻社副社长。

开国大将彭德怀一生无儿无女，在两个弟弟牺牲后，他担负起照顾侄子侄女的责任，对他们视如己出，关心他们的学业和饮食起居，用一人的工资供他们从小学一直读到大学。同时，他还以自己刚正不阿的品质为孩子们树立了一个为人处世的光辉榜样。

（三）门庭共扶

"兄弟怡怡，宗族欣欣，悌之至也。"家族的子孙，因源自同一祖先，故团结和睦、互济互爱、贫富与共的"大家庭"模式也是孝悌的另一种典范。

世界文化遗产福建土楼，是门庭共扶在建筑上的体现。来自同宗共祖的许多家庭，现在虽然经济独立，但是因土楼里有许多公共设施和公共财产，如大门、中厅、天井、风车，使这种大家族的同楼居住模式延续至今。土楼在乱世可以共同防御外敌。太平之世则便于大家互相帮助：谁家有喜事，大家一同分享；谁家有困难，大家齐心解决。以血缘关系为纽带的大家庭，因土楼的存在也得到了巩固和发展。

浙江省舟山市定海长白岛外礁门村有这样一个大家庭，戴氏兄弟八人，团结互助。他们大家庭中有大事情，如购房、创业，大家都是齐心协力，特别是大哥二哥总是在经济上竭尽全力地帮助弟弟们。他们的六弟自谋职业，在定海开店，每次货物到了，其他兄弟都是全家出动，帮助卸货运货。谁家发生危急情况，几位兄弟更是焦急万分，想尽办法着

力解决。有一年，一个弟弟生病住院，弟媳在长白盐场工作走不开，侄子在外地上学，在定海的哥哥弟弟和侄女承担起了全部责任，从医疗费到日常照顾，没让弟媳和侄子操一点心。

事实上，在一个家族内部，兄弟姐妹互相帮助，特别是当一个人发展得很好，他也会帮助其他兄弟姐妹一起发展，最终让整个家族壮大。比如经商的人，他们的家族意识很强烈，自己在外生意做得好，他会带领家族其他兄弟姐妹一起做生意，让整个家族发展得更好。这在很多经济富庶的地区随处可见。

当然这个共扶，是有原则和底线的，必须合理合法。如电视剧《人世间》的周家大哥周秉义，他作为吉春市的市委书记，在光字片拆迁时，并没有为自己家开方便之门，只是在政策范围内，鼓励自己的弟弟尽早搬迁，可以获得楼下一套门面房。后来，弟弟周秉坤搬到新区后，有了门面房，开了家饭店，生活变得越来越好。反之，很多贪官污吏不仅自己以权谋私，还纵容家人打着他们的旗号在外面牟利，看似跟着沾光，实则害了他们。

悌：兄友弟恭，爱传万家

三、忠悌

"悌"从有血缘关系的兄弟姐妹间的相互扶持，友爱恭敬，也逐渐延伸到了交友上。很多非血缘关系的朋友也情同手足，感情深厚。但因他们没有血缘为纽带，联系起他们感情的桥梁与纽带就是信守承诺、守口如瓶、患难与共。袁了凡在《训儿俗说》中写道："交友之道，以信为主，出言必吐肝胆，谋事必尽忠诚。"孔子也说："益者三友，损者三友。友直，友谅，友多闻，益矣。友便辟，友善柔，友便佞，损矣。"这里的"友谅"指和讲诚信的人交朋友，而"友善柔"指不要与表面奉

承而背后诽谤人的人交朋友。

（一）守诺

《论语·学而》中曰："与朋友交，言而有信。"人和人之所以能成为朋友，并延续友情，就在于答应对方的事情，一定做到。

战国时期魏国的建立者魏文侯，有一次和管理山林的人约定好时间一起去打猎。那天打猎前，魏文侯和大臣们正畅饮得十分痛快。这时天下起了大雨，魏文侯想起打猎一事，便准备出发。身边大臣们劝说道："今天喝酒这么快乐，天又下大雨，大王要去哪里呢？"魏文侯说："我和管理山林的人约好去打猎。虽然现在很快乐，·我难道可以不遵守约定吗？"说完，魏文侯前往约定的地方，亲自向管理山林的人解释，因为天气不好不得不取消今天的狩猎。看到魏文侯准时赴约，亲自解释取消的原因，管理山林的人非常感动。从此，他们成为知心朋友。战国初期，魏文侯受到各国的普遍敬重，魏国开始变得强盛，从打猎这件事，就能看出他的为人、为君之道了。

信守承诺的故事在关羽身上也得到了充分体现。《三国演义》第二十五回至第二十七回叙述，关羽在战争中与刘备走散，他一路保护两位嫂夫人，与曹操达成"土山三约"，不得已留在了曹营。曹操一直以来都很欣赏关羽的忠义，所以对关羽格外礼遇，又是赏赐，又是设宴，希望将关羽收为己用。但关羽对这些礼遇丝毫不为所动，他不忘曾经与刘备、张飞在桃园定下的盟约，只关心刘备在何处。后来，当他得知刘备在袁绍处，遂挂印封金，过五关斩六将，回到了刘备身边。后人将"关羽"视为"忠义"的代名词。

张静江，浙江湖州南浔人，"国民党四大元老"之一，蒋介石称他为"革命导师"，孙中山称他为"革命圣人"。如此看来，说他是一位奇人也不为过。特别是他和孙中山的交友充满奇遇。1905年，孙中山到欧美

筹集革命经费，在英国开往法国的船上，遇到了张静江。张静江当时是狂热的革命分子，因家境富裕，认识孙中山后，主动提出要赞助他闹革命的经费。因是初次相识，所以孙中山与之也没有深谈，但二人约定：今后凡用款，以电报联络，用西文字母作为款额代号：A 为 1 万法郎，B 为 2 万法郎，C 为 3 万法郎，D 为 4 万法郎，E 为 5 万法郎。只是一次偶遇，孙中山也并没有把这次约定当真。然而，孙中山发动的起义连续失败，经济陷入困境。他想起了当时和他有过约定的张静江，便试着给他拍了电报，上面写着一个"C"字。不久，孙中山就收到了张静江汇出的 3 万法郎。此后，孙中山策划钦州起义，拍个"A"字，张即汇给他 1 万法郎；河口起义前，拍个"E"字，很快孙中山就收到 5 万法郎。张静江为革命连续支出巨款，致使他经营的公司周转不灵，但他仍尽其所能资助革命事业，甚至有一次为了反清起义，他卖掉了在巴黎经营的一个茶店。

"受人之托，忠人之事"，以真诚之心相待，信守彼此之间的约定，是真正应遵循的交友之道。

（二）守口

很多牢不可破的友谊，是因为彼此间忠诚，甚至能牺牲自己的生命为对方守护秘密。

汉朝陈蕃与窦武商量诛灭宦官的事情被泄露后，宦官的随从将陈蕃杀害并把他的家属流放。陈蕃的宗族、门生、旧部属也遭到免职禁锢。陈蕃的朋友朱震，当时为铚县令，听到消息，弃官哭祭陈蕃，安葬了陈蕃的尸体，还把陈蕃的儿子陈逸藏在甘陵境内。此事被发现后，朱震被严刑拷打，但他宁死不说出陈逸的去向，陈逸因而得以逃脱。朱震誓死保护友人陈蕃的儿子，想必九泉之下的陈蕃也会非常感谢这位情同手足的朋友。

瞿秋白夫妇从事革命工作，当时正处于白色恐怖时期，以鲁迅为代表的朋友们，冒着生命危险掩护他们、关心他们。特别是1932年到1933年，鲁迅先后四次接纳瞿秋白夫妇在自己的寓所避难。

朋友将自己的秘密告诉你，是拿你当真朋友，那么同样，你也应该替对方保守秘密，哪怕对方没有叮嘱，你也应该为他守口如瓶。在生活中，我们都要管好自己的嘴巴，一旦朋友的秘密从你口中出来，就不再是秘密了，很可能伤害了他，也伤害了自己。你会失去一位真朋友，也会失去他对你的尊重和信任。

（三）守心

真正的朋友在你遇到困难时能挺身而出、拔刀相助、患难与共。唯有这种以心相交的友谊才可长久。

古代的真朋友，大多在自己被贬官时显现出来。北宋的范仲淹因主张改革，惹怒了朝廷，被贬去颍州。当范仲淹离京时，一些平日与他有过交往的官员朋友，生怕被说成是朋党，纷纷不敢送别。但有个叫王质的官员则不然，虽然他和范仲淹平时交往不多，顶多算个普通朋友，但听说范仲淹要离开京城，即使当时正在生病，他也毫无畏惧地将范仲淹一直送到城门外。王质这一送别，让处于人生低谷的范仲淹感到了心灵上的慰藉，后来，两人也成为挚友。王质不计个人利害得失，真诚待友，和那些见利忘义者相比较，更值得称颂。

这样感人的友谊也发生在巢谷与苏轼、苏辙身上。三人从小就是好朋友，长大后，巢谷虽然学得一身好武艺，但没有什么功名。那时苏轼、苏辙已经在朝中做官，如果去找他俩帮忙，谋得一官半职不成问题，但巢谷从来没有去找他们。后来，苏轼被贬到荒无人烟的海南，苏辙被贬到广东循州。这时，巢谷却当众宣布：要步行万里到广东和海南，探望苏轼兄弟。很多人都说他脑子坏了，也有不少人认为他只是说说。事实上，

元符二年（1099），巢谷硬是独自一人从四川眉山出发，经历千难万险，到了广东循州，见到了苏辙，并在苏辙那里住了一个多月。两人每天都有说不完的话。随后，当时已是73岁高龄的巢谷，不顾苏辙的反对，不惧千里之距，坚决要去看望苏轼。到了广东新会时，不料钱被偷走，后来得知偷窃之人在新州被抓，巢谷又连忙赶到新州。此番波折使他一病不起，不幸客死他乡。苏轼兄弟得知消息，失声痛哭。当苏轼、苏辙身份显赫时，巢谷不愿去麻烦朋友，甚至很少往来，而苏轼兄弟落难时，巢谷不顾自己70多岁高龄，竟然不远万里、义无反顾地去看望他们，最后客死他乡。如果不是对朋友真心，那实在是难以做到的。

才子徐志摩在民国时期因与陆小曼、林徽因、张幼仪这几位女性的情感纠葛而广为人知，其实还有一件轰动天下的事情与他有关，那就是扛上行李到南京陪蒋百里坐牢。徐志摩与蒋百里为亲戚、好友、同学，他们都是梁启超的学生，曾共同组织新月社，但他们其实没有血缘关系。在徐志摩经济最困难的时候，蒋百里将自己在北京的房子交给徐志摩出售，帮徐志摩渡过难关。1930年蒋百里受牵连入狱，徐志摩直接扛上行李到南京陪蒋百里坐牢，而他的这一举动也带动了新月社的其他名流纷纷效仿南下，一时"随百里先生坐牢"成了时髦的事情。

"势利之交，难以经远。"原本深厚的友谊，因利益的诱惑，不仅让友谊破碎，还改变了别人的一生。在《水浒传》中，林冲被逼上梁山，其原因之一是陆谦卖友求荣。林冲和陆谦自幼就是好朋友，是同乡。林冲多次帮助陆谦，但因林冲比陆谦优秀，陆谦的内心产生了嫉妒。后来，高衙内看上了林冲的妻子，他身边的人就跟他说可以找林冲身边的人帮忙。于是，高衙内找到了陆谦，陆谦毫不犹豫，为了自己的利益，拜倒在了权势面前，陷害林冲。后来，林冲被发配沧州，陆谦仍旧不放过他，对他赶尽杀绝，火烧草料场。陆谦也咎由自取，最终被林冲手刃。

悌：兄友弟恭，爱传万家

073

四、仁悌

子曰：“孝悌也者，其为仁之本与！”

在儒家文化中，“悌”是“仁”的出发点。兄弟姐妹友好相处，家庭和睦，那么与社会众人交往，就能够恭敬友爱其他人，实现社会和谐、国家稳定。这种“仁悌”，跨越了家族血缘，是一份更广的情义，以一颗博爱之心，去济困与行善。

（一）博爱

《孟子·梁惠王上》中说道：“老吾老，以及人之老；幼吾幼，以及人之幼。”其意思是敬爱自己家的老人，并由此延伸到敬爱别的老人；呵护自己的孩子，并由此推广到呵护别人的孩子。“悌”从对自己家人的敬爱、关爱扩展到对天下所有的人。唐朝韩愈在《原道》中写道：“博爱之谓仁。”因此，“仁悌”的第一步，是有一颗博爱之心，它是济困行善的动力。

能成大事者，都有一颗博爱之心。孙中山先生一生为革命事业的奋斗，体现了他的博爱精神。诚如宋庆龄所说：“孙中山痛感人间不平，而终生投身革命，为了解救中国人民的苦难，为了中国的儿童有鞋穿，有米饭吃，孙中山献出了他四十年的生命。”

（二）济困

恻隐之心，人皆有之。素不相识的人，在他人危难之时给予一丝温暖与帮助，这是将兄弟姐妹间的互相扶持，延续到了对他人的帮助。这是将博爱之心外化于行的表现。

人生在世，总有困顿之时。你的雪中送炭，也许能成就他日的一位英雄人物。帮助汉高祖打天下的大将韩信，在未得志时，境况很是困苦。

那时候，他常钓鱼，希望碰着好运气，可以吃鱼充饥，然而并不是每次都能如愿钓到鱼，所以时常要饿着肚子。幸运的是，在他时常钓鱼的地方，有一个从事清洗丝絮或旧衣布工作的老婆婆，很同情韩信的遭遇，便不断地救济他，给他饭吃。韩信在艰难困苦中，得到那位自身勉强糊口的老婆婆的恩惠，心怀感激，便对她说，将来必定要重重地报答她。老婆婆听了韩信的话，表示并不希望韩信将来报答她，这只是举手之劳。后来，韩信立了不少功劳，被封为楚王，他想起从前曾受过老婆婆的恩惠，便派人送酒菜给她吃，更送给她黄金一千两来答谢她。这也是成语"一饭千金"的来历。如果没有这位老婆婆的帮助，或许就没有后来的大将韩信。

济困，不一定是物品和钱财上的接济，有时候自己的名气也能帮助到他人。有一次，晋朝大书法家王羲之路过绍兴会稽郡（今绍兴）里的一座石桥，看见一个衣衫褴褛的老婆婆在此处卖竹扇。竹扇简陋，没有装饰，吸引不了顾客，一直卖不出去，老婆婆为此十分着急。王羲之很同情，就上前跟她说："你这竹扇上没画、没字，当然卖不出去。我给你题上字，怎么样？"老婆婆虽然不认识王羲之，但见他这样热心，就把竹扇交给他写。王羲之借来笔墨，龙飞凤舞地在扇面上写了几个字，随后还给老婆婆。老婆婆不懂书法，见扇子上的字迹很潦草，有点不高兴，担心更卖不出去。王羲之安慰她说："别急。你只要告诉买扇的人，上面是王右军写的字就行了。"老婆婆照他的话做了。买扇的人一看真是王右军的书法，都抢着买。一篮子竹扇很快就卖完了，老婆婆对王羲之很是感激。当地百姓，为纪念王羲之题扇助人，将这座桥取名为"题扇桥"，该桥名一直延续至今。

和王羲之一样，苏轼也曾画扇帮助别人摆脱困境。北宋何薳的《春渚纪闻》中记载，苏轼在杭州做官时，有人告状说有个人欠购绫绢的两万钱不肯偿还。于是苏轼找来那个人询问，欠钱者说："我家是以制扇为职业，正赶上我父亲去世，且今年春天以来，连着下雨，天气寒冷，做好的扇子卖不出去，不是故意欠他钱。"苏轼仔细地看了他很久，然后说："暂且拿你做的扇子来，我来帮你开张。"扇子送到，苏轼拿了空白的夹绢扇面20把，顺手拿起判案用的笔书写行书、草书，画上枯木竹石，片刻就完成了。然后把写画好的扇子交欠钱者说："去外面快卖了还钱。"那人抱着扇子边流泪答谢边往外走。刚出了府门，就有喜欢诗画的人争着来用一千钱买一把扇子，这些扇子很快就卖完了，来得晚的人想买也买不到，甚至到了非常懊悔地离开的地步。卖扇子的人于是全部还清了欠款，整个杭州都称赞苏轼为政宽和，为人仁厚，甚至有人都感动得流泪。

古人尚且如此，当下社会很多济困的故事也令人感动。比如：江西南昌的万佐成和熊庚香夫妇，他们在江西省肿瘤医院附近经营的一间一元"抗癌厨房"，给许多癌症患者带来了生命的烟火气，让他们有信心抗击病痛。灾难无情，人间有情。汶川地震时，源源不断的人力、物力涌进灾区，帮助当地百姓重建家园，诠释了什么是"一方有难，八方支援"。这些帮助中有一些是来自唐山的救援物资和救援队，因为1976年唐山市人民历经了同样的大地震，深有感触，在汶川地震后，从唐山政府到普通百姓都毫不犹豫地送来了援助。

帮助别人也是帮助自己，人生在世不可能都一帆风顺，今日你伸出援助之手，他日自己困难或许也能获得别人的帮助，从而摆脱困境。

（三）行善

"穷则独善其身，达则兼济天下。"自古具有博爱之心的人，都乐于做志愿者，做慈善事业，将"仁义"传递给更多人。

范蠡，春秋战国著名的政治家、谋略家，他还有另外一个身份：文财神。他擅长经商，曾三致千金，成为当地首富，然而对天下穷人的同

情之心却又让他每一次都仗义疏财，施善乡梓。在散尽财富的同时，范蠡还不忘"授人以渔"，传授人们经商获利的方法，希望借此为穷人找到致富的门路，实现共同富裕。"天下熙熙，皆为利来；天下攘攘，皆为利往"，范蠡在这样的人世间，能与众不同，富且有仁，三致千金，却散尽千金，是一种高尚的慈善行为，更是一种关爱众人的德行。范蠡不愧为慈善界的鼻祖！

北宋时期著名的政治家、文学家范仲淹曾在其名作《岳阳楼记》中以"先天下之忧而忧，后天下之乐而乐"言明心志。这种以民为先的思想，既是范仲淹身为政治家所坚持的理念，也是范仲淹作为慈善家，实践于其一生善行中的大德。

范仲淹自幼家境贫寒，故他很懂得穷人的疾苦。即使后来他身居高位，薪俸丰厚，却依然勤俭。他把自己积攒下的大量钱财拿出来，在家乡吴县（今苏州）购买土地近千亩，救济当地的穷人，使他们"日有食，岁有衣"。这千亩田地也被人们誉为"义田"。当地凡有人家婚丧嫁娶，范仲淹都会拿出钱来资助。对于鳏寡孤独，范仲淹还会定期给予周济。范仲淹的家乡因而也被人们称作"义庄"。范仲淹还非常热心于赞助苏州的教育事业。范仲淹在苏州南园购得一处草木葱茏，溪水环绕的好地。原本范仲淹是想在此建设自家的住宅。当房屋建好后，范仲淹请来的一位先生称若久居此处"必踵生公卿"，也就是说范家住在这里可以世世代代出高官显贵。范仲淹听后却说，"吾家有其贵，孰若天下之士咸教育于此，贵将无已焉"，意思是我家独享此处的富贵，不如让普天下的人都能来这里读书，这岂不是能出更多的贵人。于是范仲淹毫不犹豫地将房地献出，奏请朝廷批准设立了苏州文庙，以期培养出更多的人才。范仲淹捐宅兴学的举动在当时影响极大，以至当地富户纷纷效仿。

普通人只要有一颗博爱之心，也能以有限的能力造福乡里。北京海淀中关村西区有一条善缘街，曾因历史上该地有善缘桥而得名。民间盛传，道光年间，当时的海淀镇东部有一条泄洪渠道，每到雨季水流量大，给人们的出行带来不便。当时，一位80多岁的严姓居士以卖画为生。他见镇上的人们雨季出行不便，就拿出所有的积蓄，在泄洪渠道上修建了一座石桥。修建好桥面，老居士的积蓄也用完了。此时，居住于此的乡邻在老居士的善举感染下，主动众筹资金继续修建了桥的护栏板。为感谢老居士倾资建桥，故将此桥称为"善缘桥"，既取佛教术语"善法为佛道之缘者"，也有广结善缘、多行善事之意。

五、结语：兄弟永远是你最坚实的后盾

兄友弟恭的传统儒家观念，已渗透到中华民族的血脉之中，成为千家万户的遗传基因。新时代的中华儿女，也接过"悌"德的接力棒，用行动书写它的华章。他们是：入选"孝老爱亲湖南好人榜"的中学教师文运良，十多年来无怨无悔照顾姐姐、关爱侄儿；为一诺言，信守一生的"中国好战友"杨荣，花30多年的时间和精力照顾双目失明的好兄弟张永忠；183名贫困儿童的"爸爸"丛飞，散尽家财只为让每个孩子有学上；不求回报，善行如一的林秀贞，用真心照顾毫无血缘关系的孤寡老人……

家和则国和，家定则国定。现代社会独生子女众多，很少有亲兄弟、亲姐妹。倘若我们可以将兄弟姐妹相处之道，拓展到家庭之外的朋友、同事交往中，我们就能感受互帮互助的乐趣与幸福。基于此，向更大的范围扩展，每个人以一颗仁爱之心，在大千世界的洪流中去关爱素不相识之人，让社会多点爱心，少点冷漠，以实际行动弘扬中华民族传统美德，推动社会主义和谐社会的建设。新时代，我们将"悌"德发扬光大，比在一家之中开花结果，更为光彩夺目，震撼人心！

课后资料

一、课后思考题

1. 结合刘培、刘洋兄弟的故事，谈谈"悌"在当代社会的现实意义，并举例说明新时代青年如何践行这一美德。

2. "悌"如何从家庭伦理扩展到社会伦理？请结合具体例子说明这一演绎过程。

3. 曾国藩在家书中强调"爱兄弟以德"而非"姑息"，请阐释这一观点的伦理价值及其现实意义。

4. 请分别列举"忠悌"中守诺、守口、守心方面令你印象深刻的故事，并谈谈从中体会到的交友之道以及对当今人际交往的启示。

5. 结合"仁悌"的相关事例，谈谈你对"仁悌"在构建和谐社会中所起作用的理解。

二、拓展阅读

1. 蔡礼旭：《孝悌忠信：凝聚中华正能量》，世界知识出版社 2014 年版。

2. 于永玉，董玮编：《悌：兄友弟恭》，天津人民出版社 2012 年版。

3. 曾国藩：《曾国藩家书》，王峰注，延边人民出版社 2010 年版。

悌：兄友弟恭，爱传万家

微课

练习题

节：砥节砺行，方圆有道

　　"节"，是竹节的简称，君子的象征。白居易《养竹记》："竹似贤，何哉？竹本固，固以树德，君子见其本，则思善建不拔者。竹性直，直以立身；君子见其性，则思中立不倚者。竹心空，空以体道；君子见其心，则思应用虚受者。竹节贞，贞以立志；君子见其节，则思砥砺名行，夷险一致者。夫如是，故君子人多树之，为庭实焉。"谦谦君子，克己立节。

　　"节"，是中国古老的智慧与美德，承载着厚重的历史文化，彰显着深邃的为人处世之道。它既是时间的节点，也是人生的里程碑，更是心灵的归宿。在如今这个瞬息万变的时代，"节"是一种永恒的存在。它提醒我们不忘初心，修身立节，砥节砺行。

一、溯源探义说"节"

现今的"节"字结构非常简单,上"艹"下"卩",但简单的"今世"构造有着丰富的"前生"演变。

節　節　節　節　节

金文　　小篆　　隶书　　楷书　　楷书(简化)

"节"字在甲骨文中尚未发现,已知的"节"字最早出现于金文。节字的起源和古人的实际生活密切相关。金文的節,上面是"竹",下面是"即"。《说文解字》:"竹,冬生艸也。象形。下垂者,箁箬也。凡竹之属皆从竹。""竹"是冬生的"艸"类植物,凡与竹有关的字,都以"竹"作偏旁。而"即"的甲骨文竹竹,左边是食器,右边是跽坐的人,表示人跽坐在食器前进食。在古代,以竹子作为食器非常普遍,于是就产生了这个最早的節字。后人为了书写简便,将金文的節渐渐简化为今日的"节"。

《说文解字》:"节,竹约也。"《说文解字注》:"约,缠束也。竹节如缠束之状。"由此可见,节的本义为"竹约"。根据"竹约"的本义,可以引申出"节"有节制、约束、调节之义。"节"有众多的引申义,而与为人处世有关、具有丰富文化内涵的引申义是"礼节""气节""中节"。

"礼节",即用"礼"来节制,用"礼"来约束。例如,《论语·学而》:"礼之用,和为贵;先王之道,斯为美。小大由之,有所不行。知和而和,不以礼节之,亦不可行也。""礼节"是一个人立世的基础,克己复礼,无礼不立。

"气节"由"气"与"节"组成,"气"指天气,"节"指调节。

节：砥节砺行，方圆有道

宋朝魏了翁《尚书要义》："气节者，一岁三百六十五日有余，分为十二月，有二十四气。"根据相似引申，将天气的"气节"引申为做人的"气节"。"气节"是一个人为人的品质，秉节持重，德厚流光。

"中节"，即调节以适中、调节以适度。《中庸》："喜怒哀乐之未发，谓之中；发而皆中节，谓之和。中也者，天下之大本也；和也者，天下之达道也。致中和，天地位焉，万物育焉。"此处"中节"的直接意思是对发出的情感、情绪进行调节以适中。本书将"中节"引申为做事的一种精神，即要以适中、适度的态度做事。

在社会上，一个人如果能遵循"礼节"的约束，具备"气节"品质，具有"中节"精神，那么他就能如大鼎般稳立于世，行将久远。

二、礼节

《论语·颜渊》记载：颜渊问孔子，什么是仁？孔子说："克己复礼就是仁。"孔子言简意赅地回答了颜渊的提问。克制自己，使自己的言行举止合乎礼节就是仁。为什么要用礼节来克制？《荀子·礼论》说："人生而有欲，欲而不得则不能无求，求而无度量分界则不能不争。争则乱，乱则穷。先王恶其乱也，故制礼义以分之，以养人之欲，给人之求。"礼的作用在于克己去争。《礼记·礼运》记述礼的产生始于饮食，上古时期，人们还没有发明陶器，他们把稻谷和猪肉放在石头上烘烤，挖小坑当酒杯，双手捧起来喝，用土块弄成鼓槌来击土鼓，以这种方式表达对鬼神的敬重。① 始于饮食上的祭祀之礼体现了人们对上天的感恩

---

① 《礼记·礼运》："夫礼之初，始诸饮食，其燔黍捭豚，污尊而抔饮，蒉桴而土鼓，犹若可以致其敬于鬼神。"

与敬重。《礼记·曲礼上》："道德仁义，非礼不成；教训正俗，非礼不备；分争争讼，非礼不决；君臣上下父子兄弟，非礼不定；宦学事师，非礼不亲；班朝治军，莅官行法，非礼威严不行；祷祠祭祀，供给鬼神，非礼不诚不庄。是以君子恭敬、撙节、退让以明礼。"可见，在为人处世的方方面面，非礼不可。

"礼节"是一个人外在的呈现，是一个人立世的基础，"不学礼，无以立"。"礼节"无处不在，落实到日常生活、待人、处事以及节日节庆上而形成生活礼节、事务礼节以及节庆礼节。

（一）生活礼节

生活礼节，即个人在日常生活中应当遵循的礼仪规范。在日常生活中，通过约束自己，做出符合礼仪要求的行为或事项，从而体现对他人的尊重。日常生活礼节包括很多，比如在日常生活中的饮食起居、言行举止、仪容仪表等都有相应的礼仪规范。"食坐尽前""食至，起""让食不唾"等，这些是《礼记·曲礼上》里关于餐桌礼仪的部分规定。俗话说吃有吃相、坐有坐相、站有站姿、走有走姿，这些都是生活礼节的要求与体现。生活无小事，礼节显为人。

中国古代有不少关于生活礼节的经典故事以及注重生活礼节的家规家训，如孟子休妻的故事。《韩诗外传》第九卷讲到孟子休妻的故事，孟子因窥见妻"踞坐于室"而欲休妻。在古代，女子踞坐是非常不礼貌的行为，所以孟子很生气，跟母亲说要把妻子给休了。但孟母以"将入门，问孰存；将上堂，声必扬；将入户，视必下"之礼批评了孟子的无礼行为，使孟子不再休妻。李毓秀也将此礼纳入《弟子规》。入门前应该先敲门，这是生活礼节的基本要求之一，体现了对他人最起码的尊重。哪怕是进自己的家门，或是在自己家进入房门，都礼应先敲门。正因为有些人缺乏这样的生活礼节意识，而冒犯了他人或家人，由此引发生活矛盾。

孔子曾对孔鲤说："鲤，君子不可以不学，见人不可以不饰；不饰则无貌，无貌则失理；失理则不忠，不忠则失礼，失礼则不立。"[1]孔子教育孔鲤"见人不可以不饰"，强调的是仪容仪表的重要性。注重仪容仪表不是仅仅为了让自己好看，更重要的是对他人的尊重。

周恩来是注重仪容仪表的典型人物。无论是从照片上还是从影像资料中，我们都可见周恩来整洁的容貌：利索的短发、干净的面容、整齐的中山装。早在南开学校读书时，周恩来在一面镜子的上方悬挂着一幅字：面必净，发必理，衣必整，纽必结，头容正，肩容平，胸容宽，背容直，气像勿傲、勿怠，颜色宜和、宜静、宜庄。周恩来每天以此来要求并检视自己的仪容仪表。周恩来曾经有"美髯公"的称号，那么，周恩来是什么时候把他的美髯给剃掉了呢？周尔均在《我与伯父周恩来相处的日子》一书中提到周恩来是在西安事变后中央委派他代表党中央去西安处理事变事宜时，出于礼貌而把胡子给剃掉了。当时，张学良见到没了胡子的周恩来，很惊讶地问周恩来胡子呢，周恩来笑呵呵地解释说做统战工作要有礼貌，所以剃掉了。担任总理兼外交部长后，周恩来更是注重仪容仪表，他认为自己的形象不仅仅代表自己，更是代表国家、代表中华民族，所以要通过自己的形象展现中国的风采。注重仪容仪表是周恩来一生的习惯。即使在家里，即使在生病的时候，他都保持这个习惯。

生活礼节包括很多内容，在此不一一列举。总之，生活礼节的实质在于在日常生活中约束自己以尊重他人，从而实现生活中的"和睦""和谐"。在日常生活中应做到"非礼勿视，非礼勿听，非礼勿言，非礼勿动"。

---

① 刘向：《说苑》，王天海，杨秀岚译注，中华书局2019年版，第145页。

（二）事务礼节

事务礼节，即个人在待人处事中应当遵循的礼仪规范。在待人处事中，以尊重他人的方式为人处世。在这方面，中国古代有不少尊礼者事成，失礼者败北的故事。正面例子如折冲樽俎的故事。《晏子春秋》："夫不出尊俎之间，而折冲于千里之外，晏子之谓也。"春秋时期，晋国欲攻打齐国，为了打探情况，晋平公派范昭出使齐国。齐景公盛宴款待。席间，范昭向齐景公要酒喝，齐景公便让侍臣把自己的酒杯给范昭，范昭接过齐景公的杯子一饮而尽。晏子没有动怒，而是悄悄地让侍臣给大王重新换一个杯子。依照当时的礼节，在宴席上，君臣各用各的酒杯。范昭用齐王的酒杯，是大逆不道的挑衅行为。范昭故意违反礼节就是要试探齐国君臣的反应，但晏子这种不动声色的智慧之举，彰显了齐国的大国风范。范昭认为齐国有晏子这样的贤臣，还不是攻打齐国的最佳时机。孔子称赞晏婴"不出樽俎之间，而折冲千里之外"。

反面例子如因一场嘲笑引发的鞍之战。《史记·齐太公世家》记载：齐顷公六年（公元前593）春，晋国派郤克出使齐国。接见时，齐顷公安排他的母亲坐在帷幕中观看，当看见驼背的郤克走上来时，他母亲忍不住哈哈大笑起来。齐顷公这种无礼的安排以及其母无礼的嘲笑激怒了郤克，从此，在郤克的心里埋下了复仇的种子。郤克说："此辱不报，誓不再渡黄河！"回国后，郤克请晋君伐齐，晋君没有答应。后来齐国的使者来晋国时，郤克在河内把他们抓了，并把他们杀了。再后来，齐国伐鲁、卫，鲁、卫向晋国求援，晋国派郤克率军救援，伐齐于鞍，齐国不敌，大败，这便是春秋时著名的"鞍之战"。

反面例子又如卫献公失礼失国的故事。《左传·襄公十四年》记载：卫献公宴请孙文子和宁惠子，孙文子和宁惠子穿着朝服赴约，但等到日落也没见卫献公召见，后得知卫献公去园林打猎了，两人去园林见卫献公，卫献公没脱掉打猎戴的皮帽就和他们说话。依当时的礼节，臣朝服见君，君不得戴皮冠。卫献公这种失信又失礼的行为彻底惹怒两人。后孙文子集合势力，攻打卫献公，卫献公逃往他地而失国。卫献公失礼失国的故事告诉我们以礼待人、以礼待士的重要性。正如周公在《诫伯禽书》中所言，"起以待士，犹恐失天下之贤人"，以礼待人、以礼待士，是对人的尊重，是对人才的重视。无礼，轻则失人，重则失国。

还有如大家耳熟能详的完璧归赵的故事、晏子使楚的故事等，都告诉人们在待人、处事中不守诚信之礼、不守尊重之礼的后果就是搬起石头砸自己的脚。

（三）节庆礼节

我国传统节日众多，主要包括春节、元宵节、清明节、端午节、中元节、七夕节、中秋节、重阳节、腊八节等。中国传统节日蕴含着中华民族深厚的文化内涵，承载着中华民族美好的信念与精神。人们为了纪念与庆祝节日，形成了形式多样、内容丰富的节庆礼节，即在节日活动中，要遵循相应的礼仪规范。

以春节为例，四季春为先，百节年为首，春节是中华民族最隆重、最重要的节日。我国春节有贴春联、吃年夜饭、给压岁钱、守岁、放鞭炮、拜年等习俗。以年夜饭习俗为例，我国吃年夜饭习俗有很多讲究，有很多礼节。年夜饭开饭前，要先祭祖，摆供品、点香烛、下跪拜，以这种仪式表达对上天及祖先的感恩与敬重。吃年夜饭时也有礼仪，入座、敬酒长幼有序、主次分明；说话有讲究，不说晦气与不吉利的话。"年夜饭"意蕴感恩戴德、崇祖敬天、辞旧迎新、合家团圆、举家欢乐。正是因为一年之首的春节如此美好，如此重要，所以每逢过年，无论路途有多远，交通有多堵，时间有多紧，人们都会纷纷踏上回家的路与家人欢乐相聚。"回家过年"，如此朴素的文字，却牵动无数中华儿女的心，想到"回家过年"就会令人心温润、眼湿润。辞旧迎新、崇祖敬天、感

恩戴德、尊老爱幼、阖家团圆、举家欢乐、祥和美满，这就是春节之春色，亘古不变。

再如清明节，祭祖扫墓是清明节的主要内容。祭祖扫墓的意义在于缅怀祖先、传达孝心、传承家族精神。祭祖扫墓也有讲究，需要遵循相应的礼仪规范。比如扫墓的时间，一般要在上午进行；扫墓人要穿比较素的衣服；扫墓人的态度要诚恳、恭敬、严肃，不可嘻嘻哈哈；清洁坟墓四周及墓碑后要摆贡品、烧纸、点香、鞠躬等。虽然每个地方的清明节祭祖扫墓的礼节不完全一样，但扫墓礼节的本质要求以及所表达的意义是一样的，即扫墓时要尊、敬、诚，祭祖扫墓传达的是感恩戴德、崇宗敬祖、慎终追远、孝悌亲仁等美好品德。人们每年清明节时纷纷进行祭祖扫墓，以此形式来践行、继承并弘扬中华民族这些传统美好品德。以霍氏家族为例，遍布广东、广西、香港、澳门、海南等地的霍氏子孙每年清明节和重阳节会陆续返乡，前往南香山的霍桃陵园进行祭拜活动。在这两个节日里，除祭拜外，他们还会读家谱、读家训，以此形式铭记家族传统。

无论什么节日，无论节日里有什么样的礼节，无论各地方的礼节有多少差异，节庆礼节的本质目的与意义是相同的，即在日子里通过遵循相应的礼节规范来表达人们的心愿，传达人们的情感，传承中华民族美好的品德与精神。

三、气节

将天气的"气节"引申为做人的"气节"一词，最早见于《史记·汲郑列传》："黯为人性倨，少礼，面折，不能容人之过。合己者善待之，不合己者不能忍见，士亦以此不附焉。然好学，游侠，任气节，内行修

087

絜，好直谏，数犯主之颜色，常慕傅柏、袁盎之为人也。善灌夫、郑当时及宗正刘弃。亦以数直谏，不得久居位。"

气节，是一个人内在的品质，是一个人做人的高尚品格操守。气节内涵丰富，在为人中，以"梅兰竹菊"之品质约束自己的表现称之为"君节"；在为"官"①中，以"清莲"之品质约束自己的表现称之为"廉节"；在为夫或为妻中，以"百合花"之品质约束自己的表现称之为"贞节"。"君节""廉节""贞节"共同构成"气节"的内涵，是中华优秀传统美德的重要组成部分。秉节持重，德厚流光。

习近平总书记在十二届全国人大第二次会议上提出的"三严"，即严以修身、严以用权、严以律己。②严以修身，是君节的表现，严以用权，是廉节的展现，严以律己是贞节的体现。以"君节""廉节""贞节"等"气节"品质来束己，从而落实"三严"要求。

（一）君节

"墙角数枝梅，凌寒独自开。遥知不是雪，为有暗香来。"这是大家非常熟悉的王安石的《梅花》一诗。凌寒独放、既美又香的梅花历来是高尚品质的象征，象征着在恶劣环境中顽强不屈的君子品质。

《孔子家语·在厄》："芝兰生于幽谷，不以无人而不芳；君子修身立德，不以穷困而改节。"生于幽谷、外形无华、内在芬芳的兰花象征着朴素无华、默默奉献的君子品质。

"咬定青山不放松，立根原在破岩中。千磨万击还坚劲，任尔东西南北风。"这是非常有名的郑燮的《竹石》一诗。郑燮的这首《竹石》

---

① 此处的"官"不限于行政官员，而泛指拥有一定职权之人。

② 本书编写组：《深入开展"三严三实"专题教育》，人民出版社 2015 年版，第 1 页。

非常形象、贴切地歌颂了竹子的君子品质。竹子因劲节、虚空、萧疏、挺拔、易长的鲜明特征而历来被称颂，意蕴自强不息、百折不挠的君子品质。

"秋丛绕舍似陶家，遍绕篱边日渐斜。不是花中偏爱菊，此花开尽更无花。"这是元稹的《菊花》一诗，"此花开尽更无花"道明了元稹爱菊的原因，也道明了菊花被称为"花中君子"的原因。清雅飘逸、华润多姿、清香袭人的菊花在万物枯黄、百花凋谢、萧萧寒霜中盛开，象征不趋世俗、淡泊名利的君子品质。

梅兰竹菊，被誉为四君子，受我国历代文人、志士赞颂。我国古代有许多以梅兰竹菊的君子品质约束自己、塑造自己的君节人物，如宁饿死不肯为声名狼藉的裴均写墓志的韦贯之。据《唐国史补》记载，当过宰相、为人奸佞的裴均死后，他儿子请求韦贯之为其父亲写墓志，以一万匹细绢做润笔费，但韦贯之不乐意，他说："我宁肯饿死，也决不能苟且写这墓志。"

又如"为救人一命，代人受过"的高防。据《厚德录》记载，高防是澶州防御使张从恩的属下，担任判官一职。有一次，张从恩的亲信校尉段洪进偷盗朝廷的木材制作器物出售。张从恩得知后十分生气，要杀了段洪进。段洪进欺骗张从恩说是高防判官让他这么做的。张从恩质问高防，高防承认，段洪进得以免死。张从恩革了高防的职，命他离开澶州，高防拜受而去，始终没有说出真相。后张从恩后悔，又把高防召回，最终得知真相，原来是高防为了救人一命，甘愿代人受过。高防认为段洪进虽有罪，但罪不至死。罚必当罪，杀不可滥。替人"背锅"，救人一命，值。张从恩得知真相后，对高防越发敬重。

再如"注重口德，不攀权贵"的文徵明。据《玉堂丛语》记载，明朝非常著名的书法家、文学家文徵明非常注重口德，一生不喜欢说别人的缺点，也不喜欢别人说他人的缺点，每当别人说他人的缺点时他就会把话题引开。有一次，宁王重金请他为官，被他拒绝，朋友问为什么不接受，他笑而不答，再次表明他注重口德，也体现了他不攀权贵的精神。

中国历来注重君子人格的培养。例如，《荀子》记载了周公对伯禽有关为君子的教诲："君子力如牛，不与牛争力；走如马，不与马争走；智如士，不与士争智。"诸葛亮在《诫子书》中强调静以修身、俭以养德。非澹泊无以明志，非宁静无以致远的君子之行，在《诫外甥书》中告诫外甥要"志高远，慕先贤，绝情欲，弃疑滞；忍屈伸，去细碎，广咨问，除嫌吝；志强意慷"。魏收家训《枕中篇》告诫子女：能刚能柔，重可负也；能信能顺，险可走也。竹林七贤之一的嵇康《家诫》中非常全面地告诫其儿子嵇绍应如何为人。王昶在《家诫》中教导子侄"能屈以为伸，让以为得，弱以为强，鲜不遂矣"，以自己身边的同事、朋友为例，教导子侄如何识人、如何做人。在王昶的教导下，其子侄、孙辈，乃至后辈们人才迭出。

（二）廉节

"予独爱莲之出淤泥而不染，濯清涟而不妖，中通外直，不蔓不枝，香远益清，亭亭净植，可远观而不可亵玩焉。"这是周敦颐有名的《爱莲说》中的句子，道出周敦颐独爱莲的原因。正是因为莲的这些品性，又因为"莲"与"廉"谐音，所以，"莲"往往寓意、象征"廉洁"。拥有一定职权的人应以"清莲"之品性约束自己，不滥权、不贪利，用权于职，造福于民，芬芳留世。周敦颐在为官中以"清莲"品性约束自己，不慕钱财、不同流合污、正直廉洁，深得民心，政绩斐然。周敦颐是名副其实的爱莲于心、践廉于行、用廉束己的典范。

在中国历史文化长河里，廉节文化源远流长，历史上一个个鲜活的人物以生动感人的故事向后人阐释、演绎什么是廉节。例如，《左传·襄公十五年》记载的子罕以廉为宝的故事。春秋时，宋国有人将自己所得

的宝玉献给司城子罕，子罕拒不接受，说："您以宝石为宝，而我以不贪为宝。如果我接受了您的宝，那我们俩就都失去了自己的宝物。倒不如我们各有其宝呢。"又如《后汉书·羊续传》记载的羊续悬鱼的故事。羊续为南阳太守时，府丞焦俭给羊续送来一条大鱼，执意让太守收下。焦俭走后，羊续将鱼悬挂在门庭上。第二年，焦俭又来给太守送鱼。羊续便指着悬挂在门庭上已经枯干了的鱼给他看。这位府丞明其意，羞愧不已。从此无人敢给羊续送礼，南阳送礼行贿之风得以改善，南阳百姓敬称羊续为"悬鱼太守"。再如灭官烛看家书的故事。北宋周紫芝《竹坡诗话》记载："有州官极清廉，见京中来件中有家书，即令灭官烛，取私烛阅书。阅毕，命秉官烛如初。"

中国自古就有廉节文化、廉节精神，这种精神的养成与家风家训密不可分。例如，孙叔敖的《戒子》就告诫子孙为官要清廉；田稷子母在《责子言》里强调廉洁公正；荀勖在《语诸子》里言："人臣不密则失身，树私则背公，是大戒也。"房彦谦《与子言》："人皆因禄富，我独以官贫。所遗子孙，在于清白耳。"贾昌朝《戒子孙》："一旦以贪污获罪，取终身之耻，其可捄哉！"包拯《家训》："后世子孙仕宦，有犯赃滥者，不得放归本家；亡殁之后，不得葬于大茔之中。不从吾志，非吾子孙。仰珙刊石，竖于堂屋东壁，以诏后世。"还有大家所熟悉的"先天下之忧而忧，后天下之乐而乐"的范仲淹，他不仅自己廉俭一生，也非常注重对子女的廉洁教育，正是在范仲淹以身作则及严格管教下，范家始终保持着廉节的门风。其子范纯仁官至吏部尚书、宰相，也以清廉著称。《宋史》记载，范纯仁"自布衣至宰相，廉俭如一"。

（三）贞节

"贞"有守正之贞、从一之贞的意思。为了不与其他字的字义相重复，本文所言的"贞"主要指两性之间的忠诚，即从一之"贞"。

"接叶多重，花无异色。含露低垂，从风偃柳。"这是南北朝梁宣帝写百合花的诗，赞美百合花矜持含蓄、超凡脱俗的品质。"接叶开花玉瓣长，云根百叠可为粮。却教艺苑传佳话，岁轴图成兆吉祥。"这是乾隆皇帝写百合花的诗，百合花因其"云根百叠"，即其茎部由许多白色鳞片层叠而成，状如白莲花，故取名为"百合花"。百合花因其高雅、纯洁、矜持、含蓄、芬芳的特性以及"百合"之名，往往被用来象征纯洁无瑕、忠贞不贰、百年好合、白头偕老的爱情与婚姻。夫、妻以"百合花"的品性约束自己，忠于彼此，百年好合，世代才好。

我国自古非常崇尚贞节，有关贞节的故事不胜枚举。例如，晏子不弃不娶的故事。《晏子春秋·内篇·杂下》记载："景公有爱女，请嫁于晏子。公乃往燕晏子之家，饮酒酣，公见其妻曰：'此子之内子耶？'晏子对曰：'然，是也。'公曰：'嘻！亦老且恶矣。寡人有女少且姣，请以满夫子之宫。'晏子违席而对曰：'乃此则老且恶，婴与之居故矣，故及其少而姣也。且人固以壮托乎老，姣托乎恶。彼尝托，而婴受之矣。君虽有赐，可以使婴倍其托乎？'再拜而辞。"景公发现晏子的妻子又老又丑，于是想把自己年轻美丽的女儿嫁给晏子，但晏子不想抛弃自己的妻子而谢绝。又如，糟糠之妻的故事。《后汉书·宋弘传》记载：宋弘跟随刘秀南征北战，屡立战功，终于帮刘秀得了天下。刘秀当了皇帝后，想把守寡的姐姐许配给宋弘，但是宋弘已经有了妻子，宋弘对刘秀说："臣闻贫贱之交不可忘，糟糠之妻不下堂。"再如，蔡人之妻的故事。《列女传·蔡人之妻》记载：宋人的女儿嫁给蔡人后，蔡人患了重疾，母亲劝其改嫁，但她拒绝，对丈夫不离不弃、忠贞不贰，被后人传颂。

我国古代关于贞节的故事采撷不尽，家风家训中也不乏对贞节的教育。例如，《颜氏家训》"后娶"篇中以吉甫、伯奇、曾参、王骏为例，告诫谨慎再娶。又如，唐朝的《女论语》在"立身"篇中强调女子立身的重要性，而立身之法在于清贞。清则身洁，贞则身荣。又在"守节"

篇中教导女子如何具体守贞节。

我国古代注重贞节家风家训有积极的教育意义。夫妻之间以贞节约束自己，有助于家庭关系的和睦、稳定，使世代都好；夫妻不贞、家庭内斗会伤家庭元气、和气，影响下一代的发展。当然，我国古代关于贞节家风家训片面强调妇女的贞节，放在现代男女平等的社会来看，是不对的。另外，因过于注重维持家庭关系的单纯、稳定而强调丧偶也不嫁不娶，也是不对的。总之，在新时代，我们应吸收传统贞节文化积极意义的一面，摒弃其消极的一面，夫妻共同以"百合花"之品性约束自己，百年好合，世代为好。

四、中节

"中节"，即通过调整、约束以适中，此处的"中"不是中间的意思，而是指适中、平衡、恰当的意思。中节强调恰到好处、不失分寸、实事求是。中节是为事的一种精神，是中庸思想的体现。中庸非折中，折中是不管三七二十一取其中，而中庸强调的是适中，即从客观实际出发，实事求是、和平中正。

习近平总书记在十二届全国人大第二次会议上提出的"三实"即谋事要实、创业要实、做人要实。[1]谋事要实，强调做事前要考虑周全，要把握分寸；创业要实，强调做事过程中要尽守本分、认真踏实；做人要实，强调做事之后要功不独居，过不推诿。

---

① 本书编写组：《深入开展"三严三实"专题教育》，人民出版社 2015 年版，第 1 页。

（一）谋事要实

中节精神的体现之一是谋事要实。谋事要实的意思是在做事情前要考虑周全，要把握好分寸。"运筹帷幄，决胜千里之外"，想成事，先虑事，凡事三思而后行，谋定而后动。

谋事不懂分寸的故事如马谡失街亭的故事。魏太和二年（228）春天，诸葛亮亲自率军攻打曹魏，节节胜利。攻祁山时，诸葛亮决定派一支人马占领街亭作为据点。让谁来带队呢？大家建议用身经百战的老将魏延、吴懿等人任主将。但诸葛亮派了只会纸上谈兵的好友马谡当主将，王平做副将。刘备在世时，曾叮嘱过诸葛亮，说马谡这个人不踏实，不能派他干大事。但诸葛亮却没把刘备的叮嘱放心上。马谡带领人马到了街亭，察看了地形，对王平说："这一带地形险要，街亭旁有山，可在山上扎营设埋伏。"王平劝告说："丞相嘱咐过，要坚守街亭，不能在山上扎营。"但马谡不听王平的劝告，坚持要在山上扎营。张郃率魏军赶到街亭，发现蜀军没有守城池，而是驻扎在山，暗自高兴，马上吩咐将士在山下筑好营垒，围困山上人马。魏军切断山上水源、坚守营垒，蜀军没法攻破。魏军看准时机，发起进攻，蜀军溃败，街亭失守。后诸葛亮按照军法处死马谡。诸葛亮没听刘备生前"马谡不能用"之言，错派马谡守街亭，有失分寸；守街亭时马谡没听诸葛亮"坚守城池"之嘱，不听战友王平"扎山下"之劝而鲁莽上山终失街亭，有失分寸。

再如，隋朝之所以短暂而亡，与隋炀帝不懂中庸之道、没有中节精神有很大关系。隋炀帝掏空天下百姓修运河、筑长城、不断发动战争等使隋朝快速走向衰亡。拔苗助长、欲速则不达等成语故事都是谋事不懂分寸的例子。"为事不谋，不足以成"的谚语也说明了谋事前要考虑周到，要懂得分寸，否则就会失败。

（二）创业要实

中节精神的体现之二是创业要实。创业要实的意思是做事时要尽守本分、认认真真、踏踏实实。《中庸》言："君子素其位而行，不愿乎其外。"意思是说君子要安于自己的位置，把自己的本分事做好。孔子曰："居之无倦，行之以忠。""居之无倦"告诉我们无论身处何种环境，从事何种工作，都不能懈怠。

我国古代有关做事尽守本分、认真踏实的故事也非常多。比如，高澄捕盗的故事。《北齐书·高澄传》记载：高澄为官实在，办案认真仔细。有一次，有人的一只黑牛被偷，这只黑牛的背上有白毛。为了抓住盗贼，高澄假装是为府上购买牛皮，并声称以多一倍的价格购买。同时，在暗中，让牛的主人认查牛皮，这样就抓住了盗牛人。又有孤寡老人王老太，靠种三亩菜维生，但菜屡次被偷。高澄便派人悄悄在菜叶上写了字。第二天早晨，派人到街上查看卖菜人的菜叶上是否有字，最终抓获了盗贼。高澄凭着认真、仔细的态度和智慧办案，从此以后，他所辖治的范围内，再也没有偷盗的事件发生。

又如，唐朝非常有名的大宰相刘晏，做事认真踏实。在任职期间，他决心解决漕运问题，亲自实地详细勘察，多次与人商讨，总结经验，亲自指挥施工，迅速高效疏浚了河道。又改善航运办法，改革漕运组织，大大缩短了漕运时间，便利江南粮食运往长安，从而保证了长安的粮食需求和物价稳定。此外，刘晏还改革盐政，将原来的官销制改为商人销盐，大大调动了盐户和盐商的积极性，大大减少了贪官污吏。随后，他又在许多地方设立盐仓，一旦缺盐，就平价出售，以免商人抬高盐价，坑害百姓。刘晏盐政改革使官民两利，一举两得，史书上称之为"官获其利，而民不乏盐"。

再如，苏东坡治西湖的故事。《宋史·苏轼列传》记载：苏东坡到杭州后，发现杭州最严重的问题是水利，于是想尽办法治理西湖。他首

节：砥节砺行，方圆有道

先上书朝廷，请求免除杭州的赋税，并请求朝廷救灾赈民；接着又组织人手上街免费熬药、派发；组织人员疏通白居易当年建立的六井，开凿运河等。特别是疏浚西湖，用淤泥修建了苏堤，还划定种植菱角的范围，把卖菱角的钱积攒起来，作为西湖清淤的经费，实现了良性循环。

高澥捕盗、刘晏疏漕运、苏东坡治西湖等故事都体现了他们脚踏实地、真抓实干、办事认真的中节精神。正是因为他们在办事过程中有这样的中节精神，才取得了流传千古的业绩，使后人铭记。

（三）做人要实

中节精神的体现之三就是做人要实，即做事之后功不独居、过不推诿。做事之后对待功过的态度，反映了一个人做人是否实在。做事之后，小人抢功推责，常人夸功掩过，而君子让功于人、过不推责。清朝学者金兰生在《格言联璧》中言："功不独居，过不推诿。诿罪掠功，此小人事；掩罪夸功，此众人事；让美归功，此君子事；分怨共过，此盛德事。"做事之后以中节精神要求自己，做到不揽功、不炫功，不推过。

我国有关功不独居、过不推诿的故事也非常多。比如孟之反不伐的故事。《左传》记载，鲁哀公十一年（公元前484），齐鲁开战，鲁国大败，撤退时，鲁国大夫孟之反在最后面护队撤离。进城门时，孟之反故意一边鞭打他的马，一边说："不是因为我勇敢在最后面护队，而是我的马不肯向前走。"为此，孔子称赞孟之反不邀功。子曰："孟之反不伐，奔而殿，将入门，策其马，曰：'非敢后也，马不进也。'"

又如不居功的大树将军冯异的故事。《后汉书·冯异传》记载：冯异是东汉开国名将，协助刘秀建立东汉。冯异功勋卓著，但他从不居功自傲。征战间隙，将领们总爱坐在一起争功论赏，只有冯异默默在一旁的树下休息，于是士兵们给他起了个"大树将军"的外号。在协助刘秀建国的成功路上，冯异从不邀功，谦虚低调，居安思危，且时常提醒刘

秀要居安思危、以史为鉴。冯异这种成不邀功、居安思危的中节精神为汉初的政治清明做出了贡献。

再如李离伏剑的故事。《史记·循吏列传》："李离者，晋文公之理也。过听杀人，自拘当死。文公曰：'官有贵贱，罚有轻重。下吏有过，非子之罪也。'李离曰：'臣居官为长，不与吏让位；受禄为多，不与下分利。今过听杀人，傅其罪下吏，非所闻也。'辞不受令。文公曰：'子则自以为有罪，寡人亦有罪邪？'李离曰：'理有法，失刑则刑，失死则死。公以臣能听微决疑，故使为理。今过听杀人，罪当死。'遂不受令，伏剑而死。"李离以伏剑而死的方式来承担自己过错杀人的后果，可谓是严于责己、勇于担责的典范。

中节是一种为人处世的中庸之道。我国自古就非常重视中节的教育。例如，东方朔在《诫子诗》中言："明者处事，莫尚于中。优哉游哉，与道相从。首阳为拙，柳惠为工。饱食安步，以仕代农。依隐玩世，诡时不逢。是故才尽者身危，好名者得华；有群者累生，孤贵者失和；遗余者不匮，自尽者无多。圣人之道，一龙一蛇。形见神藏，与物变化。随时之宜，无有常家。"

有强调谋事要周全、要把握分寸的家训。例如，嵇康《家诫》言："人无志，非人也。但君子用心，所欲准行，自当量其善者，必拟议而后动。"魏收家训《枕中篇》言："门有倚祸，事不可不密。"欧阳修家训《晦明说》言："藏精于晦则明，养神于静则安。晦所以畜用，静所以应动。善畜者不竭，善应者无穷。此君子修身治人之术，然性近者得之易也。"朱柏庐《朱子家训》言："宜未雨而绸缪，毋临渴而掘井。"

有强调做事要尽守本分的家训。例如，《颜氏家训》言："人生在世，会当有业，农民则计量耕稼，商贾则讨论货贿，工巧则致精器用，伎艺则沈思法术，武夫则惯习弓马，文士则讲议经书。多见士大夫耻涉农商，羞务工伎，射则不能穿札，笔则才记姓名，饱食醉酒，忽忽无事，

节：砥节砺行，方圆有道

以此销日，以此终年。"

有持功不独居的志向。例如，《论语·公冶长》里记载，孔子让颜渊、子路各言其志，颜渊曰："愿无伐善，无施劳。"颜渊希望不夸耀自己的长处，不自矜自己的功劳。

有强调过不推诿的家训。例如，张奂《诫兄子书》："年少多失，改之为贵。蘧伯玉年五十，见四十九年非，但能改之。不可不思吾言，不自克责，反云张甲谤我，李乙怨我。我无是过，尔亦已矣。"张奂告诫哥哥的孩子们有过错要从自己身上找原因，不要推脱到他人身上。

五、结语：节制是强者的本能

"礼节"是一个人立世的基础，克己复礼，无礼不立；"气节"是一个人为人的品质，秉节持重，德厚流光；"中节"是一个人为事的精神，中庸之道，为事至宝。"礼节""气节""中节"构成我国传统"节德"。我国传统"节德"文化源远流长，"节德"家风家训绵长不断。传承"节德"，为新时代家风传承提供风向标，为社会主义核心价值观的培育与践行提供文化源泉与支撑。

中华人民共和国成立以来，涌现了一批批"节德"传承者，他们以平凡而又伟大的一生书写"节德"，如2009年被评选为"100位新中国成立以来的感动中国人物"之一的谷文昌就是集中华优秀传统美德——"节德"于一身者，他的"节德"事迹感动无数中华儿女。

福建省东山县的百姓心里为一个人树立了一座永不朽的丰碑，在每年的清明节，他们都要"先祭谷公，后祭祖宗"。这个"谷公"就是谷文昌，"谷公"是东山县百姓对他的尊称。谷文昌是东山县县委原书记。虽是县委书记，但他没有半点官架子，非常平易近人。无论多忙，只要

有群众来访，他都会热情接待。他身为县委书记，廉洁自律，绝不占公家一分钱便宜。有一次，他应邀去厦门大学讲课，学校给了他60元的讲课费。他把这60元交给了县委总务朱锦成，说讲课是占用公家时间，讲课费应交公。任东山县委书记期间，谷文昌为民办了大量实事。他想尽办法植树造林，改善恶劣的自然生态；带领东山县人民兴修水利、兴办盐场，大力发展制盐业、捕捞业、养殖业；筑海堤，建公路，打通出岛通道。与此同时，谷文昌也大力推动精神文明建设，抓教育、扫文盲、建影院等。在谷文昌的带领下，东山人民过上了幸福的生活。

谷文昌不仅自己有高尚的"节德"品质，同时也非常注重家人的"节德"教育。以身作则教育家人要踏实做人、公私分明、不享特权、艰苦朴素、乐善好施。因下乡工作需要，县委给谷文昌配了一辆自行车，女儿擅自拿来学骑被谷文昌严厉批评，说自行车是组织分配给工作用的，家属谁也不能动。谷文昌去世以后，家人将自行车上交组织，其妻子史英萍说："这是老谷交代的，活着因公使用，死后还给国家。"① 谷文昌虽为县委书记，但从不以权谋私为家人牟利。谷文昌身边的工作人员潘进福、朱财茂说："谷书记公私分明，从没有利用手中的权力为家人牟利，他的5个孩子都是自食其力，没有沾过父亲的光，在平凡的岗位上工作了一辈子。"② 谷文昌曾省吃俭用资助了一位林学院的大学生完成学业。他去世后，妻子史英萍延续他乐善好施的作风。她为了资助特困生，处处节省，但因工资不高，资助金有限，她就发动五个子女赞助，尽管五个孩子的工资也不高，日子也过得紧巴，但他们都坚持省吃俭用挤出一点钱交给母亲，使史英萍的资助从没有中断，持续资助了18位

① 谷豫东：《父亲像座巍峨的山》，《中国纪检监察》2015年第10期。
② 郑良：《谷文昌：清白持家简朴本分为民奉献》，《公民与法（综合版）》2018年第11期。

特困生。

谷文昌的"节德"精神与家风是中华传统美德的传承，是优秀家风的典范。新时代下应弘扬谷文昌的"节德"家风，以培育和践行社会主义核心价值观，为中华民族伟大复兴提供源源不断的文化支撑与精神源泉。

党的十八大以来，我国高度重视培育和践行社会主义核心价值观，其内容分三个层面：国家层面是富强、民主、文明、和谐；社会层面是自由、平等、公正、法治；个人层面是爱国、敬业、诚信、友善。社会主义核心价值观的培育与践行离不开中华优秀传统文化的支撑与传承。中华优秀传统文化是中华民族的精神命脉，是涵养社会主义核心价值观的重要源泉。习近平总书记指出："中华优秀传统文化已经成为中华民族的基因，植根在中国人内心，潜移默化影响着中国人的思想方式和行为方式。今天，我们提倡和弘扬社会主义核心价值观，必须从中汲取丰富营养，否则就不会有生命力和影响力。"[①]

新时代，我们也应从"节德"文化中汲取丰富营养以践行社会主义核心价值观。社会主义核心价值观的内容与传统"节德"内容是一致的。"礼节"是人与人交往的基础，无礼不立，"礼节"的本质是卑己尊人，表现为尊、敬、诚等，其核心是和。"礼节"的要求与诚信、友善、文明、和谐的社会主义核心价值观一致。"气节"是为人方面的节操品质，君节、廉节、贞节是"气节"的内涵与体现，与诚信、友善、爱国、法治的社会主义核心价值观一致。"中节"是中庸之道，其实质是"中和"，体现在为事方面就是做事前要思、做事中要实、做事后要诚，"中节"的为事精神与爱国、敬业、友善的社会主义核心价值观一致。道不可坐

---

① 习近平：《青年要自觉践行社会主义核心价值观：在北京大学师生座谈会上的讲话》，人民出版社 2014 年版，第 7 页。

论，节不能空谈。

习近平总书记强调，"培育和践行社会主义核心价值观，贵在坚持知行合一、坚持行胜于言，在落细、落小、落实上下功夫。要注意把社会主义核心价值观日常化、具体化、形象化、生活化，使每个人都能感知它、领悟它，内化为精神追求，外化为实际行动，做到明大德、守公德、严私德"①。修身立节从来不是空洞的口号，而是体现在一言一行、一举一动当中。

习近平总书记强调："家庭是社会的基本细胞，是人生的第一所学校。不论时代发生多大变化，不论生活格局发生多大变化，我们都要重视家庭建设，注重家庭、注重家教、注重家风……使千千万万个家庭成为国家发展、民族进步、社会和谐的重要基点。"②要继承与弘扬我国传统优秀"节德"文化，开展"节德"家庭教育、形成新时代"节德"家风，做一个懂"礼节"，有"气节"，行"中节"的社会主义"节德"公民，将社会主义核心价值观通过具体的个人的"节德"落到实处，从而使社会和谐、民族进步、国家繁荣富强。

节：砥节砺行，方圆有道

---

① 中共中央文献研究室编：《习近平关于全面建成小康社会论述摘编》，中央文献出版社 2016 年版，第 116 页。

② 中共中央党史和文献研究院编：《习近平关于注重家庭家教家风建设论述摘编》，中央文献出版社 2021 年版，第 3 页。

课后资料

一、课后思考题

1. 请结合《说文解字》对"节"的释义，分析"竹节"到"礼节"的引申逻辑，并举例说明这种引申在汉语中的文化认知特点。

2. 对比分析卫献公失礼失国与孟子休妻两个故事中"失礼"行为的异同，结合《论语》中"克己复礼"的思想，论述礼制规范在古代社会秩序维护中的双重作用。

3. 选取"梅兰竹菊"任一意象，结合具体诗文（如郑燮的《竹石》一诗），阐释其象征的"君节"内涵，并论述这种自然物人格化手法对中国传统道德建构的影响。

4. 以苏东坡治西湖和李离伏剑的故事为例，从"中节"角度分析两者在"事前筹谋—事中尽责—事后担责"三个维度上的异同，探讨儒家"致中和"理念对现代管理的启示。

5. 在现代社会，我们如何做一个懂"礼节"，有"气节"，行"中节"的社会主义"节德"公民？

二、拓展阅读

1.《周礼·仪礼·礼记》，陈戍国点校，岳麓书社 2006 年版。

2. 范聪雯：《贵学重德示儿知——陆游与陆氏家风》，大象出版社 2017 年版。

3. 刘向：《说苑》，王天海，杨秀岚译注，中华书局 2019 年版。

微课

练习题

养：生而养之，养而教之

在浙江桐乡石门镇，有一位出走半生，归来仍是少年的漫画大师、著名散文家，他就是丰子恺。家庭，对丰子恺而言，是温馨而美好的。他成长在一个相对宽松自由的环境中，可以尽情地追随自己的兴趣爱好。当他的绘画天赋显露时，家人积极鼓励他在学习之余为乡邻和师友绘画。少年时，在母亲的建议下，他求学浙江省立第一师范学校，遇到了两位影响他一生的恩师，一位是文学家夏丏尊，让他从此爱上了文学，另一位是教绘画的李叔同，引他走入艺术的殿堂。浸润在爱和自由中成长的丰子恺，在提高自己专业能力和素养的同时，依旧能保持着孩童时期对人世间的热情，始终保持一颗好奇心与进取心。为人父后，他格外强调要尊重孩子宝贵的天性，他认为每个孩子都有自己的特质，父母在孩子成长的过程中要因势利导，在其能力所及的范围内为他们创造条件、提供丰富的教育资源，鼓励他们在自己喜爱的领域大胆尝试。他的这种教育观在当时是非常开明的家庭教育理念。哪怕是在战争年代颠沛流离的逃亡过程中，丰子恺亦会经常组织家庭学习会，丰家人称之为"课儿"。对于丰家人来说，家人在哪里，哪里就是缘缘堂。丰子恺在哪里，哪里就有缘缘堂主。

从丰子恺自身的成长经历到其教导子女的理念，我们不难发现父母对子女的养育，从亲子关系来看，对孩子不仅要养其身，还要育其心。时至今日，养育孩子不仅是物质上的"富养"，更多的父母还会侧重对孩子精神上的"富养"。所谓精神上的"富养"则是对孩子知识教育的投入，以及品性的培养。

一、溯源探义说"养"

在甲骨文中，作为一个会意字，"养"字是由"羊"和"攴/攵"两个部分组成，表示手持牧杖或者牧鞭来牧羊。可见，在造字时代，放养牛群为"牧"，放养羊群为"养"。金文中"养"也是一个表示手持牧杖或者牧鞭来牧羊的会意字，但由于铭文熔铸的特点，其文字符号略粗，文字线条由方折变为圆转。然而，到了小篆，"养"字的字形却发生了明显的变化，从原来"攵/攴"的组合变为"食"，并由左右结构演变为上下结构，之后经过隶书与楷书的变化，最后就成为今天我们所看到的现代汉字正体字的"養"字，再经过简化便成了今天简体字中的"养"字了。

在字形变化的同时，其字义也发生了一定的变化，根据"養"（养）字的构字特点，我们不难发现，"养"的造字本义应该是"牧羊，喂羊"。《说文解字》卷五食部对于"养"字的解释为："養，供養也。从食羊声。"

| 甲骨文 | 金文 | 小篆 | 楷书（繁体） | 楷书 |

　　"養"字在造字本义的基础上，产生一系列的直接和间接引申义。首先是供养，奉养，即供给人食物及生活所必需，使其生活下去。由此又可以引申出两层含义。第一层含义是表示哺育、供养。《荀子·礼论》"父能生之，不能养之；母能食之，不能教诲之。"意思是父亲能生下孩子，但不能抚育孩子；母亲能抚育孩子，却又不能教诲孩子。可见养育不仅仅是满足物质上的吃饱穿暖，还有精神层面上的教育。第二层含义是培养。首先，孔颖达在对《易·蒙》提到的"蒙以养正，圣功也"的疏中，指出"能以蒙昧隐默，自养正道，乃成至圣之功"，意即从童年开始，就要施以正确的教育。其次，"养"字作为保养、保持的意思时，其引申义又可以分为两层。一是表示教育、熏陶。例如，在《礼记·文王世子》中提到的"立太傅、少傅以养之，欲其知父子君臣也"，郑玄对此的注解是："养者，教也。"再如《孟子·离娄下》的"中也养不中，才也养不才，故人乐有贤父兄也"，朱熹集注："养谓涵育熏陶，俟其自化也。"最后，表示修养、涵养。例如，北宋的何薳在《春渚纪闻·叔夜有道之士》中指出："若彼中无所养，则赴市之时，神魄荒扰，呼天请命之不暇，岂能愉心和气，雍容奏技，如在豫暇时耶？"

　　此外，在《三字经》中提到的"养不教，父之过"，更是直接明确了父母生养、教育子女的义务，若没有教养好子女，就是做父母的过失，是父母没有尽好自己的责任。今天在我们的《新华字典》中，对"养"定义的解析，从家庭的角度理解，物质层面有"供养、抚育"的意思，精神层面则有"培养、修养"的意思。

　　结合物质和精神层面对"养"的解读，父母养育孩子要实现养其身

养：生而养之，养而教之

和育其心，具体可以从三个方面展开，分别是"养体""养智""养德"。父母养育子女首先是"养体"，"养体"又是由"食养"和"训养"两个部分组成。"食养"追求的不仅是吃饱，也要吃好。"训养"则是父母在日常生活中培养孩子的基本生活技能。其次是"养智"，指的是对孩子知识和智力方面的培育。最后是"养德"，即对孩子品性的塑造，道德的养成，分别从"教养""礼养"和"行养"这三个方面展开。

二、养体

自古以来，圣贤教导子女，要从小锻炼，亲力亲为，养成吃苦耐劳品质。所谓的"养体"不仅仅是在物质层面实现基本的温饱，既要有"食养"，指父母科学合理地为孩子提供健康饮食，还要有"训养"，即父母在日常生活中要培养孩子的基本生活技能。正如，张元济在其《新治家格言》中所提到的为人之道，修身为本，其中就包括了"精神务期活泼，运动宜勤；饮食不求丰羹，而营养不可不良；卫生具有常识，可以防病于未病"。

（一）食养

家庭食养是家庭教育中一个重要的方面，即饮食教育，科学喂养，让孩子吃饱的同时也要吃好。早在《礼记·内则》中提到的"子能食食，教以右手"，便是最早提到通过饮食习惯、礼仪来教育孩子。此外，古人在养育孩子的过程中，亦是注重科学喂养。元朝著名儿科医生曾世荣在《活幼心书》中指出："四时欲得小儿安，常要三分饥与寒；但愿人皆依此法，自然诸疾不相干。""殊不知忍一分饥，胜服调脾之剂；耐一分寒，不需发表之功。"其中的"三分饥"指的是不要让孩子吃得太

饱，"三分寒"则是指幼儿在秋冬之际注意不要保暖过度，穿得太暖会让孩子自身的温度调节机制受阻。明朝著名思想家和哲学家王阳明在写给儿子王正宪的《示宪儿》中指出，饮食当节制，食色为人之本性，但世人却往往过于贪求山珍海味，终免不了"五味乱口，使口爽伤"之患。康熙也曾在自己的家训中提出"节饮食，慎起居，实却病之良方"，意即节制饮食，注意起居，这才是不生病、保持身体健康的秘诀。

中国民主同盟创始人之一、著名民主爱国人士沈钧儒对儿女的身体健康教育是贯穿一生的。这在1901年至1937年的家信中都有所体现，譬如"天气渐热，两儿均勿令多吃香瓜，以免腹泻等患"，嘱咐妻子要关注孩子们的身体健康，不要贪凉、贪食。在和长子沈谦的通信中亦嘱咐道："家中各人只管生病，真是何故，我细细验不外食物、穿衣、盖被三事。"

（二）训养

孔子曰："少成若天性，习惯成自然。"强调的就是孩子从小养成的习惯就像人的天性一样牢固，很难改变。训养就是侧重培养孩子在日常生活中的良好生活习惯和基本技能，以及注重体育教育，让孩子强健体魄。

明末清初著名理学家、教育家、农学家张履祥的教育理念是主张耕读相兼。他认为父母对子女的教育，不仅仅局限于书本知识的传授，农务稼穑也不能摈弃，"读而废耕，饥寒交至，耕而废读，礼义遂亡"。在他看来耕与读是一种辩证关系，只读书而不懂稼穑，则衣食堪忧；只关注耕作而不读书，则难明大义。耕读教育虽然产生于封建时代农耕社会，但对当代教育的意义在于培养孩子们的勤俭作风，有助于锻炼身体，促进身体健康。与此同时，田间劳作亦可以培养孩子坚强的意志和独立

养：生而养之，养而教之

生活的能力。[①]

时至今日，义务教育课程体系将劳动教育纳入其中。义务教育劳动课程是通过一系列丰富的劳动项目，有目的、有计划地组织学生们参加日常生活劳动、生产劳动和服务性劳动，让孩子们动手实践、出力流汗，接受锻炼、磨炼意志。在培养他们的基本生活技能的同时，亦是强调从劳动教育中树立正确的劳动价值观、培养良好的劳动品质。

从冬奥会到亚运会，掀起了一股全民体育健身热潮。与此同时，越来越多的家长开始注重对孩子的体育教育。2008 年北京奥运会男子吊环冠军陈一冰，小时候身体状况并不好。由于是早产儿，当时未满七个月就出生了，他在保温箱里就待了两个月。后来，父母为了改善他的身体状况，强健体魄，在他五岁的时候就把他送到了体操馆里学习体操，从此走上体操之路。在 2016 年里约奥运会上，以"洪荒之力"取得仰泳季军的傅园慧，小时候是个过敏体质，而且有哮喘，父母在医生的建议下，就将她送去了体校，希望她通过游泳锻炼来增强体质，从而减少哮喘病复发的次数。一开始害怕水的她，在适应之后慢慢喜欢上了游泳。由此可见，孩子从小打下爱运动的基础，不仅能增强体质，而且在体育锻炼的过程中，能够磨炼意志，同时还能形成影响一辈子的良好生活习惯。

三、养智

养智，指的是对孩子知识和智力方面的培育，其中包括蒙养、师养

---

① 中共嘉兴市纪委，嘉兴市监察局：《嘉兴名人家风家训》，吴越电子音像出版社 2016 年版，第 130–131 页。

和染养。蒙养，指的是父母在孩子童年阶段对其进行启蒙教育。《易经》里说："正其本，万物理。失之毫厘，差之千里。"人从出生起，父母就应该给予其正确恰当的教育，开蒙启发，使孩子获得基本的知识，明白事理。师养，指的是父母在其能力范围内为孩子选择好的学校、好的老师来进行知识上的教育，比如沈钧儒，即使在艰难时期，他也要努力让孩子们进正规学堂接受最好的教育："孩辈读书，非到学堂不可。已函请仲仁兄及五弟，打听何处最好，再行与妹商定。千万勿以孩辈出外为虑。"染养，指的是父母应在良好的环境里养育孩子，且自身道德行为合乎规范，给孩子做出榜样。韩愈在《清河郡公房公墓碣铭》中就指出"目擩耳染，不学以能"。《颜氏家训》说："是以与善人同居，如入芝兰之室，久而自芳也；与恶人居，如入鲍鱼之肆，久而自臭也。墨子悲于染丝，是之谓矣。君子必慎交游焉。"

（一）蒙养

父母是孩子成长过程中的第一任老师，而家庭则是孩子的第一所学校。在孩子一路成长的教育中，不同阶段的教育方式和教育内容足以对孩子未来的成长起到不同的影响。在这个过程中，养智的第一个阶段开蒙无疑是最重要的。《易·蒙》曰："蒙以养正，圣功也。"这强调的就是孩子要接受启蒙教育的重要性。自古以来，孩子开蒙少不了私塾先生，而有不少私塾先生可能是自己的父亲或者母亲。我国近代著名学者王国维的启蒙老师便是自己的父亲王乃誉。王乃誉是个勤勉好学的人，虽早年学习经商，但他在空闲时，仍每天以攻读钻研诗词歌赋与金石书画为乐，这对王国维后来接触甲骨、敦煌、石鼓研究也有着深远的影响。而他自己的这种勤勉的自学精神和广泛的兴趣爱好，对少年王国维亦产生了深远的影响。值得一提的是，其父王乃誉对西学和致用之学也抱着开放的态度，曾涉猎数学、物理、化学、医学等学科，还自学英语，在笔记本上抄写英语字母和汉字注音，这在当时当地的读书人中是非常少见的。王国维一生中的不少学术兴趣（包括对西方哲学的兴趣）和科学严谨的治学态度，都是在早年打下基础的，这与他父亲的影响是分不开的。

此外，值得一提的是，自古以来女性在家庭教育中，尤其是在孩子的启蒙教育上，扮演了一个非常重要的角色。画荻教子和陈书夜纺授经便是两个具有代表性的例子。画荻教子讲的是北宋文学家欧阳修在他四岁的时候，随着其父欧阳观的去世，家道中落，常常吃了上顿没下顿。尽管这样，其母郑氏经常会给他讲如何做人的道理，和孩子强调，做人不可随声附和、随波逐流。当欧阳修稍大些，郑氏便开始想方设法教他认字写字，教他读唐朝诗人周朴、郑谷的诗。虽然欧阳修对这些诗的内容一知半解，却在无形中增强了读书的兴趣。欧阳修到了上学的年龄，无奈当时家里穷，买不起读书写字用的纸笔。有一天，她看到屋前的池塘边长着荻草，突发奇想，于是她用荻草秆当笔，铺沙当纸，开始教欧阳修练字。就这样，欧阳修跟着母亲在地上一笔一画地练习写字，反反复复地练，直到把字写对写工整为止，一丝不苟。

陈书夜纺授经描述的是清朝文化名臣钱陈群的母亲陈书就着微弱的烛光，一边纺纱织布，一边辅导三子背诵儒家经典的场景。陈书是清朝的著名女画家，嫁于钱纶光为妻，而钱氏为嘉兴望族。钱陈群儿时家境贫寒，其父钱纶光虽为国子监太学生，但以教书为生，收入微薄。后来钱纶光过世后，陈书勤俭持家，时不时靠卖画来补贴家用，夜里纺纱织布，苦度岁月。即便如此，她对子女的教育也从不懈怠，常常教子读经吟诗至深夜。在母亲陈书的教导下，长子钱陈群十岁学完了《春秋》。次子钱峰和幼子钱界也相继学习了《孟子》和《小学》。钱陈群在她的精心培育下，在康熙六十年（1721）中了进士，进入朝廷担任侍读学士等官职。

解构家风密码

（二）师养

师养，强调的是父母在能力范围内为孩子选择好的教育。一代鸿儒沈曾植，幼年期间，由于家境贫困，沈家请不起启蒙孩子固定的私塾老师，但是他的母亲还是想办法请了一些亲戚熟人中在京待选者，抽空来沈家给孩子教一阵子。因此为沈曾植讲解过诗文的先生不下十人，但是没有一个人是教到一年的，都是来去匆匆。但在他的众多启蒙老师中，对沈曾植影响最大的是来自杭州的高伟曾先生，尽管他只来沈家指导了沈曾植半年。沈曾植曾在《业师高先生传》中回忆道："平生诗词门径及诸辞章应读书，皆禀先生指授推类得之。先生多交游，暇则蝇头字抄张天如《通鉴纪事本末》、谷氏《明史纪事本末》，余因是知明季复社文学。是时王砚香先生馆舅家，二先生日为诗词唱和，余私慕，仿为之。匿书包布下，先生察得之，且戒曰：'子可教，候他日，此时不可分心也。'而余知抗厉自此始。"可见沈曾植对历史的爱好、对诗词写作的兴趣以及他个性的形成，都与少年时代受到高伟曾先生的影响有关。[①]

1917年丰子恺在高小毕业后，根据邻居小学校长沈蕙荪对现行学制、学生出路的分析建议，母亲钟云芳结合丰家的状况，最终建议儿子丰子恺报考位于杭州的浙江省立第一师范学校。最终丰子恺考取了浙江省立第一师范学校，师从李叔同学音乐、绘画，师从夏丏尊学国文。对于丰子恺来说，这两位导师如同父母一样，李先生是父亲般的教育，夏先生则是母亲般的教育。在一次课后的交流中，李叔同肯定了丰子恺的绘画进步，并为他指明努力的目标和前进的方向。此后，随着两人的接触越来越多，丰子恺对李叔同的崇敬也是与日俱增。而李叔同的人格力量更对丰子恺艺术气质和人品修养起着重要的潜移默化的作用。

---

① 嘉兴市政协文史资料委员会编：《嘉兴文杰》，当代中国出版社2005年版，第5—6页。

养：生而养之，养而教之

无论是沈曾植的母亲还是丰子恺的母亲，她们都笃信教育的重要性，并在自己的能力范围内给孩子创造一个良好的学习环境，让他们接受最好的教育。

"一门三院士，九子皆才俊"讲的就是梁启超的九个子女。在对众多子女的教育上，梁启超也是丝毫不马虎。他曾在 1927 年 8 月 29 日的家书（《致孩子们》）中专门提到了对孩子们学业的一点建议。他针对每个孩子的兴趣爱好以及专业所长，对他们接下来择校学习给出了非常明晰的建议。譬如，他希望三子梁思忠在美国先学好政治学，回国再学陆军；期望长子梁思成在专注于自己本专业的学习内容后，能够进修一些文学或人文学科的内容，他在信中指出"我怕你所学太专门之故，把生活也弄成近于单调，太单调的生活容易厌倦，厌倦即为苦恼，乃至堕落之根源"，"我们做学问的人，学业便占却生活之主要部分，学业内容之充实扩大，与生命内容之充实扩大成正比例"。

梁启超在教育观上主张以兴趣为主。当次女思庄在加拿大麦基尔大学求学面临具体专业选择时，梁启超考虑到现代生物学在当时的中国还是无人涉及，因此希望她学现代生物学。出于对父亲意见的尊重，思庄选择了生物学。可是麦基尔大学的生物学老师讲得并不好，这让思庄对生物学无法提起学习的兴趣。苦恼之际，她向大哥思成讲了此事。后来，梁启超得知后，十分后悔，深为自己的引导感到不安，于是他又赶紧写信给思庄。在父亲的鼓励下，后来思庄改学图书馆学，最终成为我国著名的图书馆学家。①

---

① 刘未鸣，詹红旗：《大师们的家风》，中国文史出版社 2019 年版，第 143-146 页。

（三）染养

　　古人在家庭教育中，特别重视为孩子创造一个好的教育环境，重视习染。韩愈在《清河郡公房公墓碣铭》中提出"目擩耳染，不学以能"。听得多，见得多，自然受到一定的影响。现在，我们讲的耳濡目染在教育中的体现更多是强调环境对孩子成长的影响，最为典型的例子便是孟母三迁。孟子年少丧父，与母亲相依为命。最初母子俩住在墓地旁边，孟子出于好奇，便学着来墓地祭拜的人跪地哭号。而孟母非常重视孟子的思想和学识教育，于是在知道孟子的事情后立刻决定搬家。母子二人第二个居住的地方在集市附近，孟母原以为搬家之后孟子的情况会有所改善。但是没过多久，她又发现孟子竟然开始学起了商人迎客讲价那一套。在古代，商人的社会地位并不高，而孟母希望孟子成为一个有学识有修养的人，所以孟母对这个地方也不满意，再次决定搬家。母子二人第三次居住的地方是在学宫旁，孟母终于满意地发现儿子受学宫影响开始懂礼节、爱学习了，便认为这才是真正适合孟子居住的地方，于是决定定居于此。

　　颜之推在《颜氏家训》中也提到了在家庭教育中选邻择友的重要性。在他看来，儿童的心理处于还未定型的发展阶段，而孩子的好奇心和模仿性都很强，总会观察与模仿他人的一举一动。周围人的为人处世行为，尤其是照料者的言行会在无形中给孩子以影响。因此，邻友对于儿童的影响，有时甚至可能比父母的作用还大。这就是"必慎交游"的道理，也就是我们今天常常会提到的"近朱者赤，近墨者黑"的道理。

　　对于孩子的教育，除了营造外部的学习环境，还应注重家庭的教育环境。家庭环境对于孩子的成长，尤其是习性的养成有着潜移默化、不教而化的引导作用。吴郡陆氏家族以"收书之富，独称江浙"著称，其藏书的传统与文化，可以说是家风传承中最具有特色的基因之一。陆宰丰富的藏书为其家庭教育提供了基础，同时也为族人营造了良好的家族文化氛围，更为子弟向学提供了良好的便利条件。可以说藏书和学问两者密不可分。其子孙陆游的学识和成就得益于丰富的典籍滋养，这和他广泛的搜访，利用家族的大量藏书是分不开的。[①]

著名武侠小说家金庸（查良镛）出生在海宁袁花镇一个非常富裕的家庭。这个在袁花镇经营钱庄、米行和酱油杂货店的查家，仅家中祖传田地就有3600余亩，租种查家田地的农户就有百户之多，但是给查良镛带来的除了物质财富，更多的或者是更重要的乃是书香门第的人文熏陶。查家的藏书，可以说是"富"甲一方，远近闻名。其族亲、兄长大多大学毕业，其父又是一位热心的小说读者，因而藏书特别多，不仅有传统的明清典籍，而且还有不少时兴的书刊，其中包括其父兄购置的邹韬奋所著的《萍踪寄语》《萍踪忆录》等世界旅行记，以及各种武侠小说，鸳鸯蝴蝶派的《虹》《红玫瑰》等小说杂志，以及新派的《小说月报》等。这对当时的查良镛陶冶志趣、开阔眼界具有十分重要的作用。

相反，北宋作家范镇在《东斋记事》中曾记载这么一个故事，它讲述的就是父母不注重环境对子孙的影响的例子：五代时蜀地著名画家黄荃和黄居寀，为了画好花鸟，家里养了许多鹰、鹘之类的猛禽。其子孙因为长期生活在这样的环境下，渐渐地失去了学画画的兴趣，转而每天架鹰放鹘，乐此不疲。后来子孙们竟丢弃家学绘画，成了养鹰、鹘的专业户。然而为了喂养鹰、鹘，家里同时又需要豢养大量的老鼠，儿孙们又逐渐对捕鼠有了兴趣。最后，儿孙们索性以捕鼠和卖老鼠药为生。

---

① 范聪雯：《贵学重德示儿知——陆游与陆氏家风》，大象出版社2017年版，第48—51页。

四、养德

养德，指的是对孩子品德方面的教育。《左传·隐公三年》里说："爱子，教之以义方，弗纳于邪。"强调父母要对孩子的道德进行教育，使孩子不走向邪恶。养德包括教养、礼养和行养。教养，指的是对孩子修养方面的教育。一言一行一举一动都可折射一个人的修养。父母应及时纠正和教导孩子的言行举止，使其文明得体，成为一个有修养的人。礼养，指的是对孩子礼节方面的教育，使孩子从小学礼、知礼、行礼。不学礼，无以立。行养，指的是父母以自己的实际行动，以身作则教育孩子。正如《颜氏家训》所说："吾见世间，无教而有爱，每不能然：饮食运为，恣其所欲，宜诫翻奖，应诃反笑，至有识知，谓法当尔。骄慢已习，方复制之，捶挞至死而无威，忿怒日隆而增怨，逮于成长，终为败德。"

（一）教养

养德首先体现在教养上，一个人内心深处的修养往往最初来自家庭教育。诸葛亮在《诫子书》中提道："夫君子之行，静以修身，俭以养德。非淡泊无以明志，非宁静无以致远。夫学须静也，才须学也，非学无以广才，非志无以成学。"在他看来道德修养的核心在于一个"静"字，心性的安静平和是做人成事的最基本要求。

清朝的名臣张英、张廷玉父子，不仅一直注重自身的修养，时刻恪守谦逊礼让的家风，还著书立训教导子孙后辈。张英根据自己的人生经历，结合古代圣贤的言行，从立德、读书、养身、交友、为官、处世等多个方面，撰写了《聪训斋语》。张英曾在《聪训斋语》中指出，"言思可道，行思可法，不骄盈、不诈伪、不刻薄、不轻佻"，强调说话要考虑是否值得人们称道，行事要考虑是否值得人们效法。不骄傲自满，不狡诈虚伪，待人不刻薄无情，举止不轻佻浮华。之后，其子张廷玉在父亲《聪训斋语》的基础上，撰写了《澄怀园语》，其中说"一言一动，常思有益于人，唯恐有损于人"，意为凡事要多替他人考虑，每说一句话，每做一件事，都要考虑到能给他人带来益处，不要伤害到他人的利益。父母教育孩子要有同理心，在对外与人交往时要做到换位思考。从张英的《聪训斋语》到张廷玉的《澄怀园语》，张家的这种醇厚优良的家风，使这个家族能够绵延兴盛数百年。张家的后人们，无论是在朝还是在野，都秉承这种优良的家风。这使他们居官以廉，居乡以善，行礼让，重节义。

丰子恺教导子女的第一点是"先器识，后文艺"，即先培养自己的见识和修养，再去研究那些和才艺相关的东西。从母亲的言传身教中，他耳濡目染，要学习做一个正直的人，而后才可以谈论学问，谈论艺术。做一个善良的人、做一个好人也是丰子恺对子女的要求。除此之外，丰子恺更是以认真做人、做事作为家训，时常如是告诫子女。丰子恺传递给子女的第二点是"宽厚"二字，在他的记忆里，他母亲很少发脾气，总是宽厚、善良地待人。在这样的环境下长大的他便沿袭了脉脉温情，也将这份宽厚待人的为人处世之道教给了他的子女们。

很多父母培养教育孩子，总是出于一些功利性的目的，无论是学习功课，还是培养兴趣特长，总是为了能上好学校，将来找个能赚钱的工作。殊不知，孩子的成长首先是人格和品德的培养，先学会做人，才能在人生的道路上走得坚实、走得长远。三国时期，王修在其《诫子书》中教导儿子"时过不可还，若年大，不可少也，欲汝早之，未必读书，并学作人"，孩子小的时候不抓紧时间培养良好的做人行为，长大以后品格一旦形成，再改就很难。因此，王修对孩子不在身边"意遑遑也"，因为孩子不在身边，不能随时耳提面命，孩子成长为什么样子做父亲的时时刻刻都在操心。王修不但提醒孩子珍惜时间，期望孩子做一个有道德的"善人"，也叮嘱孩子注意来往的朋友、说话的方式、做事的原则，

而并没有说要让孩子好好读书做大官挣大钱之类的话。因为王修知道，不从做人上开始成长，即便是书读得再多也没有用，"道理违，斯败矣"，违背这个道理，是不可能成功的。

曾国藩对子弟做人要求也极为严格。在儿子赴科考前，他特意写信告诫说："尔在外以谦谨二字为主。世家子弟，门第过盛，万目所瞩。临行时，教以三戒之首末二条及力去傲惰二弊，当以牢记之矣。场前不可与州县来往，不可送条子。进身之始，务知自重。"

（二）礼养

儒家提倡的家风，其首要内容为"学诗、学礼"，"有文化，知礼仪"。荀子曰："人无礼则不生，事无礼则不成，国家无礼则不宁。"这可见礼的重要性。在家庭教育中，强调"礼养"就是父母从小教孩子学礼、知礼。这样当孩子长大后，其从内心到外形，从言行到举止，从独处到公共场合，都能用礼来调节自己，这并不是一种冰冷的循规蹈矩，而是自然而然形成的文质彬彬。

孔鲤过庭的典故就是体现晚辈接受长辈的教诲，亦指对尊长敬哺之礼，是崇礼精神的体现。孔子的弟子曾问孔子儿子孔鲤，孔子对他有没有什么特别的教导。孔鲤回答说没有，但告诉这个弟子，说有几次自己在庭院中遇到父亲孔子，孔子都问他有没有用功在古代典籍的学习上，自己每次都因为没有答上来而惭愧地回去。孔子的那名弟子得知后，感叹孔子教导自己的子孙和弟子，都是一视同仁，并无偏私。

同样是在春秋时期，鲁国大夫公父穆伯的妻子在其丈夫早逝后，独自抚养儿子文伯。在文伯十多岁时，母亲送他去外地求学。一次在文伯放假回家看望母亲的时候，跟文伯一起回来的还有一群小伙伴，他们得到了文伯母亲的热情招待。然而母亲却发现这群小伙伴对文伯都是毕恭毕敬，言听计从。文伯见小伙伴们如此恭维自己，洋洋自得，自以为了

养：生而养之，养而教之

不起。对此，母亲看在眼里，心里很不舒服，她认为儿子小小年纪就骄傲自大，喜欢别人恭维和奉承，这并不是一个好的苗头。于是，她在儿子的小伙伴们走后，便以周武王、齐桓公谦虚谨慎、尊重他人的事迹教育儿子。"一国之君，尚能做到谦逊有礼，你小小年纪，功不成，名不就，却要让你的小伙伴以兄长之礼对你，你还为此骄傲，长大之后肯定不会有什么出息和作为。"文伯在听了母亲的这番训诫后，认真反思自己的所作所为，并诚心诚意地向自己的小伙伴道歉，并进行了自我批评。

时至今日，当人们出行坐高铁或是公交车时，有时会遇到一直吵闹、不停踢前排座椅的孩子。在其他乘客和家长劝阻无果后，有的孩子家长便不管了，有的只有无奈地表示"他/她还是一个孩子"。看似无奈，实则是纵容孩子的最大借口，这也让很多试图批评、制止孩子不良行为的人止步。这种现象已说明了现在的家庭教育对孩子在外的基本礼貌、行为规范缺乏一定的教导和约束。"爱子，教之以义方。"父母爱孩子就应该教导他遵守道德规范，让他走正道。家庭教育最重要的就是品德教育，即教会孩子如何做人，同时为人父母者要在文明教化上身体力行，言传身教。

（三）行养

父母的言传身教，体现在日常生活中，会在不知不觉中影响并塑造子女的人格。

曾子杀彘的故事就很好地体现了父母身行重于言教。为了做好一件事，哪怕对孩子，也应言而有信，诚实无诈，身教重于言教，用自己的行动做表率。春秋时期，曾子的妻子要上街，她的小儿子哭闹着也要跟去，她哄他说："你回去等着，我回来杀猪让你吃肉。"当妻子从街上回来后，就看到曾子真的要杀猪，她急忙阻拦道："我只不过是跟孩子说着玩，哄他的。"曾子说："同小孩子是不能开玩笑的。孩子虽然年

幼没有知识，但会处处会模仿父母。今天你欺骗他，就等于教他学你的样子骗人，这不是教育孩子的好办法啊！"于是，曾子杀了那头猪，煮了肉给孩子吃。

同样是在春秋时期，卫庄公的儿子州吁，从小被父亲所溺爱，喜欢打架斗殴，而卫庄公却从不制止。对于这种做法，大夫石碏规劝道："我听说爱护子女，应当用做人的正道加以教导，而不应当容许他们有不正当的要求和行为。子女如果有骄横、奢侈、放荡、逸乐的毛病，就自然会走上邪路。而许多子女之所以有这四种毛病，完全是父母对他们娇惯溺爱的结果啊！"最后，州吁弑兄自立，刚刚即位，喜欢打仗，又杀害卫桓公，所以卫国人都不拥护他。卫国大夫石碏联合陈国国君陈桓公杀死州吁，拥立卫桓公之弟公子晋继位，是为卫宣公。

父母为人正直则子孙多慈孝。没有原则的爱是教育不出人才的，严慈相济是家庭教育中最难把握的一点，其弊者常在于溺爱有余而威严不足。在中国古代教育家颜之推看来，人们之所以不能教育好子女，在于当其犯错误时，总会出于疼爱之心，不能及时训诫。颜之推自述幼年丧父，由其兄长辛苦抚养长大，但兄长疼爱有余而管教不足，因此沾染了一些不好的习惯，等到自己年长，习惯成自然，便很难改正。他曾在《颜氏家训》的治家篇中提到，"吾见世间，无教而有爱，每不能然：饮食运为，恣其所欲，宜诫翻奖，应诃反笑，至有识知，谓法当尔。骄慢已习，方复制之，捶挞至死而无威，忿怒日隆而增怨，逮于成长，终为败德"。意思为我看见世上人，没有教导只有慈爱，每每不能赞同：吃东西做事情，为所欲为，应该告诫的反而奖励，应该苛责的反而高兴，到了有思想认识的年纪，就以为道理本就如此。骄横傲慢成为习惯，才回头要控制，等到长大，最终成为品德败坏的人。可见教育子女仅有严或仅有爱都是不够的，一定要严慈相济、奖惩结合，既不能用过度严苛的手段来惩罚孩子，以免其产生逆反心理和抵触情绪，甚至对父母心生怨恨，严重影

养：生而养之，养而教之

响亲子关系，也不可过度地宠爱与放纵孩子，这样会使孩子逐渐养成以自我为中心的意识和不良的德行，如目无尊长、自私霸道、不懂感恩等，为以后的成人埋下隐患。

五、结语：最好的教育莫过于言传身教

随着时代的变迁，新时代下的"养与教"应汲取传统文化中的教育思想的精髓。在物质条件丰富的今天，养体不再是简单的吃饱穿暖，更要强调科学喂养，培养孩子良好的饮食习惯，使其养成良好的生活习惯和自律能力，拥有一个健康的体魄。养智不再是单一的知识灌输，而是侧重在知识教育的过程中，父母能够更加关注孩子个体的需求，鼓励孩子多元发展，在能力所及的范围内，尊重孩子的兴趣和特长，为其提供更多的学习机会和资源。养德是家长以身作则，通过积极引导的方式教育孩子，注重培养他们的自主意识和解决问题的能力，同时通过鼓励和示范来引导孩子的行为和品德素质的发展。

综上所述，健康的体魄是立世的基础，丰富的知识是立世的保障，良好的品行是立世的根本。父母若对孩子尽到养体、养智、养德之责，则孩子必成优秀之才。

课后资料

一、课后思考题

1.分析"养"字从甲骨文到现代的字义演变，阐释其三重内涵（养体、养智、养德）对当代家庭教育的意义。

2. 基于王修的《诫子书》与梁启超的教育理念，讨论在应试压力下如何兼顾品德培养与现实需求。

3. 结合丰子恺的成长经历及其教育子女的故事，阐述"蒙养、师养、染养"在其教育实践中的具体体现，并探讨其中对现代家庭知识教育的启示。

4. 对比元朝曾世荣"三分饥与寒"、明朝王阳明"饮食当节制"的观点与现代医学"营养均衡"理念，分析传统"食养"智慧在现代家庭饮食教育中的应用与挑战。

5. 结合孟母三迁、陆氏家族藏书等故事，讨论环境（包括家庭氛围、邻里交往）如何通过"耳濡目染"塑造子女品德，并结合当代社会流动性，思考父母应如何主动营造良好的教育环境。

6. 分析曾子杀彘与卫庄公溺爱州吁的故事，探讨父母"以身作则"在当代家庭教育中的可行性。例如，如何处理孩子犯错时"严格管教"与"情感维护"的平衡。

二、拓展阅读

1. 中共嘉兴市纪委，嘉兴市监察局：《嘉兴名人家风家训》，吴越电子音像出版社 2016 年版。

2. 嘉兴市政协文史资料委员会：《嘉兴文杰》，当代中国出版社 2005 年版。

3. 丰子恺：《万般滋味，都是生活：丰子恺散文漫画精选集》，华中科技大学出版社 2018 年版。

微课

练习题

养：生而养之，养而教之

恕：己所不欲，勿施于人

　　古人经常对比连用"争桑""灌瓜"两个典故来劝说和教育人遇到纠纷要以德报怨、互谅互让、化仇为友。"争桑"又名"争桑之战"，出自西汉司马迁的《史记·吴太伯世家》，说的是春秋时楚国与吴国两个女子为争采边地一棵桑树上的叶子引发纠纷，导致两个家族互相仇杀攻打。两国边邑的官长听说后，一怒之下也相互进攻，楚国占领了吴国的边邑。吴王大怒，讨伐楚国，攻取了这两座城池才离开。"灌瓜"又名"梁亭夜灌瓜"，源自西汉刘向的《新序·杂事四》，讲的是战国时梁国与楚国的边亭都种瓜，楚人嫉妒梁人的瓜长得好，便夜里去破坏。梁国县令宋就制止了梁人的报复，并派人给楚人的瓜田浇水，楚人的瓜田日渐欣荣。楚王知晓后，以重金相谢，与梁交好。二女争桑引发战事，梁灌楚瓜成为友邦。实际上，引导事情走向的正是一个"恕"字，不恕，楚吴开战，恕，则梁宋息兵。

一、溯源探义说"恕"

根据儒学研究权威庞朴先生在《儒家辩证法研究》中的考证，在现存的商朝甲骨文、西周金文和战国金文中找不到能够隶定为"恕"的文字，《诗经》《春秋》《尚书》《尔雅》等书也均未见记录"恕"字。

在迄今可见的典籍中，《左传》是最早载有"恕"字的。在《左传》中，"恕"字一共出现四次。诸如《左传》作者评述周郑交恶时说的"明恕而行，要之以礼"，郑子产劝告晋国国君处理诸侯关系当"恕思以明德"等。《左传》中，"恕"被理解为一种治理国家的手段和对统治者的德性要求。

在孔子之后的儒家文本里，"恕"字首次出现在《论语》中。在《论语》中"恕"字一共出现两次。一次是曾子的转述"夫子之道，忠恕而已矣"，另一次是孔子自己的声明"其恕乎！己所不欲，勿施于人"。从这两处记载可以看出，孔子是非常重视恕的，把"恕"视为"一以贯之"之道。

从《左传》到《论语》，"恕"字开始从政治意涵向个人道德意涵转变，恕成为处理"人"与"己"之间关系的一种方法。那么，"恕"字究竟是何义呢？

| 战国文字 | 篆文 | 隶书 | 楷书 |

从字形上看，如心为恕，恕是以己心度他人之心。《说文解字》中记载"恕"的古文是🐤，正篆是🐤。古文的"恕"上部是女，下部是心，造字本义是女性心存慈爱，态度宽容。正篆的"恕"由如、心二字组成。之所以古文和正篆的上部构件略有不同，是因为古代女子幼从父兄，嫁

恕：己所不欲，勿施于人

123

从夫，夫死从子，从必以口，故女者，如也。可知"女"和"如"互通，皆有随从某一对象、相似、遵从之意，这意味着"恕"是用自己之心，用自己的心情去体会他人的心情，即将心比心，推己及人，设身处地为他人着想。

从语义上看，恕最初和最核心的含义是对他人的仁爱之心和人际交往过程中的换位思考。最开始孔子把恕解释为"己所不欲，勿施于人"，即自己不愿意的事就不应该强求他人。后来，"恕"由孔子传于曾子，曾子又在《大学》中提出了"所恶于上，勿以使下"的絜矩之道。后世对"恕"的理解大都是在孔子和曾子基础上加以发挥、深化或具体说明的，诸如汉唐学者把恕理解为"以心忖心，施至于人"，北宋二程把恕理解为"推己及物，养人之道"等。总之，恕的本义就是推己及人的换位思考，是一种基本的人际认知和共情的方式。后来恕又发展出宽恕的含义，即"犯而不校"，在业已发生过错的情况下，对他人的过错不予计较，表现出一种宽容、饶恕的态度和行为。在现代现实生活中，人们对恕的理解也主要集中于宽恕之义。

从字形和语义可知，恕有共情和宽恕两种视角的内涵取向：作共情时可理解为对他人的仁爱、理解和尊重；作宽恕时可理解为原谅、饶恕和息怨。

明朝思想家吕坤的《呻吟语》中有一段话："好色者恕人之淫，好货者恕人之贪，好饮者恕人之醉，好安逸者恕人之惰慢，未尝不以己度人，未尝不视人犹己，而道之贼也，故行恕者不可以不审也。"这些行为乍一看好像是在行恕道，实则却是小人之恕，恕本不该恕之行为，故而不能称之为"恕"。

所以，无论是从共情视角还是从宽恕视角，"恕"都有内在的原则和道德底线。从"八佾舞于庭，是可忍也，孰不可忍也？"一句中可知，孔子的"恕"是有底线的，明确不守礼制规范的行为是不能容忍的。可

知，违背了做人最起码原则的也是不能恕的。

那么，在何种条件下不"恕"，在何种条件下"恕"呢？这就要求我们必须找到一个达成普遍共识的原则和标准。

仁是儒家思想的核心。孔子认为："夫仁者，己欲立而立人，己欲达而达人。能近取譬，可谓仁之方也已。"孔子把"恕"作为行仁的重要方法。孟子也同样认为，提出"强恕而行，求仁莫近焉"。由此可知，"恕"是以具有普遍意义的仁为基础的，因此不恕的条件只有一个，即"违仁不恕"。在"违仁不恕"这一原则下，能"恕"的情况又分为三类。

从共情角度看，恕有"人欲"和"天理"两个对象。人欲是人的本能，黄宗羲在《明夷待访录》中提出"有生之初，人各自私也，人各自利也"，追求个人利益是人与生俱来的本能。因此，在处理人己关系中，因追求合理之利欲而产生冲突的要恕，即利益之恕。天理是特定社会文化区域内人们共同遵守的日用伦常，即具有普遍共识的社会风俗习惯。北宋大儒程颐说："以公理施之于人，恕也。"这"理"便包括人们在长期生活实践中形成的约定俗成。因此，在处理人己关系中，因风俗习惯迥异相悖产生的冒犯要恕，即习惯之恕。

从宽恕角度看，人非完人，孰能无过，恕即对某人的过错不作严格追究，要"不念旧恶，怨是用希"、"躬自厚而薄责于人"。因此，在与他人相处时，要持宽大的心态，不计人过，不过分苛责，即过错之恕。

由上可知，恕绝非一味地迁就，它是有原则、有底线的。不恕的情况只有一个，即"违仁不恕"，而能"恕"的情况分三类，即利益之恕、习惯之恕和过错之恕。

恕：己所不欲，勿施于人

从表面上看，利益之恕是因为谋利是人的本能、天性，是人之常情。但从深层次上看，如果我们把"利"落实到具体的社会伦理中，利益之恕就是亲疏有别的自然推论。社会中的每个人都有自己的社会关系网，每个人都处在具体的伦理关系之中。社会关系网之内的人，为了网内的利益去牺牲网外的利益，不会认为自己的行为是私的，而会认为这是正当的。正如费孝通所言："为自己可以牺牲家，为家可以牺牲族……你如果说他私么？他是不能承认的，因为当他牺牲族时，他可以为了家，家在他看来是公的。"在这意义上，利益之恕就是对在不同关系圈层、不同立场的人践行关系网内伦理道德的共情和理解。基于此，在人与己的关系中，利益之恕有三种表现形式：一是在与上级的关系中，各为其主尽忠可恕；二是在与平级的关系中，各谋其利合理应恕；三是在与下级的关系中，各护其爱执中可恕。

（一）各为其主尽忠可恕

　　"各为其主"一词最早出自《史记·张仪列传》。故事的背景发生在张仪以商於之地欺骗楚国的两年后，即公元前311年，秦惠文王想用武关以外的地方换取楚国的黔中之地，于是张仪再次入楚。楚怀王囚禁张仪，欲杀之。事先得到张仪重贿的楚国大夫靳尚按照张仪的嘱托游说楚怀王宠妃郑袖：张仪遭囚，秦国将会送来能歌善舞的美女给楚王以赎之，到那时郑袖必将失宠。于是，郑袖日夜言怀王曰："人臣各为其主用。今地未入秦，秦使张仪来，至重王。王未有礼而杀张仪，秦必大怒攻楚。"最后楚怀王不仅将张仪放了出来，还以礼待之。郑袖之所以能劝说成功，除了秦强楚弱的外部大环境，还在于她说明白了"臣事君以忠"的道理。张仪诳楚是忠于秦国，是职责所在，没有什么可以指责的。

因此，张仪的"诳"才可以被楚怀王所原谅和宽恕。

"狗吠非主"，"物各为主，无所责也"。中国历史上宽恕各为其主者的例子不胜枚举，齐桓公就是其中一个。春秋时，齐国君主襄公被杀，襄公的两位弟弟公子纠和公子小白原先都在国外避难，这时他们纷纷赶回齐国争夺王位。当时，管仲辅佐公子纠，鲍叔牙辅佐公子小白。回国途中，管仲带兵阻击小白，用箭射中了他的衣带钩，小白装死逃脱。后来小白即位为君，史称齐桓公。鲍叔牙向齐桓公极力推荐管仲，齐桓公听取了鲍叔牙建议，不咎既往，任命有一箭之仇的管仲为相，最终实现了"九合诸侯，一匡天下"的梦想，成为春秋五霸之首。其实，齐桓公也好，鲍叔牙也罢，他们的明智都在于"恕"：管仲箭射齐桓公，非为个人，乃为其主，齐桓公从而宽恕其做出的选择和举动，不计前嫌，重用为相。

同样理解"各为其主"的还有汉高祖刘邦。《史记·季布栾布列传》中记载，"一诺千金"典故的主人公季布原是项羽的得力干将，曾多次率军击败刘邦的军队。项羽死后，刘邦悬赏千金捉拿季布。后在汝阴侯夏侯婴"臣各为其主用，季布为项籍用，职耳"的劝说下，刘邦不但没有治季布的罪，还让季布担任郎中。季布原是项羽的手下，忠于项羽，为项羽谋划，完全是职责所在。刘邦不计旧怨，大度原谅季布，也彰显了他宽广的政治家胸襟。

东汉末年的曹操也是一位胸襟开阔之人。《三国志·关羽传》记载：建安五年（200），曹操东征，守卫下邳的关羽被曹操俘虏，而后无奈归降，当即被曹操封为偏将军，礼之甚厚。然而关羽身在曹营心在汉，立志建功报答曹操后便离开。官渡之战中，关羽一马当先，斩杀了袁军先锋主将颜良，并将其首级献给了曹操，解除了白马之围并立下了头功。然而就在此时，关羽得知了刘备下落，随即封存所有赏赐投奔刘备而去。曹操得知后，只说了一句"彼各为其主，勿追也"便作罢了。曹操自然知道，关羽此去必然会成为自己的劲敌，但他更看重关羽一身忠肝义胆。也因此，多年以后，孙权偷袭荆州杀了关羽，并将关羽的首级献给曹操时，曹操难掩悲凉痛惜，以王侯之礼厚葬关羽。

事实上，各为其主的本质是基于不同立场的忠君思想，忠是中国古代所推崇的，基于正确价值观导向的忠，立场虽不同，却没有对错之分，所以是可以共情和理解的。

（二）各谋其利合理可恕

"人非利不生"，求利是人的本性，是人类生存的基本技能。但资源却是有限的，正如唐朝贤相陆贽在奏议《均节赋税恤百姓六条》中说的那样："地力之生物有大数，人力之成物有大限。"唐朝大诗人白居易在《策林二》中也说："天育物有时，地生财有限，而人之欲无极。"资源是有限的，人的欲求是无限的。明朝朱载堉的《不知足》就对人的欲壑难填作过生动刻画："终日奔波只为饥，方才一饱便思衣。衣食两般皆俱足，又思娇柔美貌妻……七品县官还嫌小，又想朝中挂紫衣。一品当朝为宰相，还想山河夺帝基。"有限资源与无限欲望的矛盾，必然导致"各谋其利"的发生。对于这种现象，我们要理解，因为"利"本身是无所谓褒与贬的，但要防止不择手段追求个人私欲，侵犯他人和社会的利益。因此，我们要"恕"的各谋其利的利不是"独利"，而是不违背道义的"合理利己"。

"独利必不利"，中国有很多例子可以佐证这个观点。成语"唯利是图"背后的故事就是一个典型案例。《左传·成公十三年》记载：公元前580年，晋厉公与秦桓公在令狐订立了友好盟约，约定两国和平相处。秦桓公回国之后，就背弃了盟约，怂恿狄人、楚国进攻晋国，他对楚王说："余虽与晋出入，余唯利是视。"由于受到吴国的遏制，楚国拒绝了秦桓公的要求，并将此事告知了晋国。晋厉公大怒，就派大夫吕

相与秦国绝交。随后，晋厉公率诸侯联军大举伐秦，大败秦国，使秦国数世不振。秦桓公的行为为人所不齿，原因不是逐利，而是一心只为图利，背信弃义。

古人云：天下熙熙，皆为利来；天下攘攘，皆为利往。讲的是普天之下芸芸众生都是为了利而奔波。如果只追求"浅夫昏子之利"，则非但不能得利，还可能招来祸害。真正的利，一定是既利于他人，又同时能利于自己的，也就是严复在《天演论》中所讲的"两利以为利"。比如，在菜市场买东西，一方"漫天要价"，一方"坐地还钱"，两者的利益存在对立，获利更多的一方会伤害到另一方的利益。为了双方都能获利，且避免两败俱伤的情况出现，双方就会讨价还价，最终达成共识。讨价还价的过程就是各谋其利的过程，这个过程是天经地义的。

公元前 595 年，楚国使者申舟出使齐国，过宋境而没有行"过邦假道"之礼，被宋国处死。于是，中国历史上第一次围城战爆发了，楚庄王率军包围了宋国都城。楚军围宋城九个月，鏖战双方僵持不下。于是，楚庄王派主将司马子反登上土堆，窥探宋国都城中的动静。恰好，宋国的执政大夫华元也登上城内的土堆出来会见子反。华元把宋国"易子而食之，析骸而爨之"的惨状告诉子反，子反站在人道主义立场，私下与华元达成停战媾和的协定，宋国投降与楚国会盟，楚庄王最终也认可了这个决定。战争的目的大都是利益，但当宋国城内易子而食时，义和利就产生了冲突，在此背景下，子反没有乘人之危、落井下石，而是出自对民众的哀悯与同情擅自做主与宋国达成协议，实现了义利合，既让宋人投降，又避免了"一国之民相食"的现象继续发生。因此，可以说子反和华元的私下媾和就是各谋合理之利，他们的这种行为应该受到人们赞许。

两国交战，不斩来使，也是这个道理。使臣所代表的都是各自国家的利益，他们操动三寸不烂之舌，纵横捭阖，左右倾侧，都是为各自一方谋取利益，这是无可厚非的。因此，即便有冲突和冒犯，应当给予基本的善意，予以宽恕包容。

（三）各护其爱执中可恕

各护其爱就是在上下级关系中上级关心爱护下属，有时候会偏袒下属，也就是所谓的"护短"。这和动物界的"护犊子"是一个道理。"护犊子"是动物保护后代的一种本能行为，是动物的本性，而"护短"则是人之常情。当然，"护短"也是有原则的，倘若一味地"护短"，只会助长歪风邪气。

在上下级关系中，上级并不是对所有人都护短，而是根据亲疏远近有选择地护短。费孝通先生在《乡土中国》中提出了以自我为中心的差序格局，即在由"己"推出的差序格局中，越靠近自己的是"自己人"，越靠外的则属于"外人"。上级对"自己人"和"外人"有着不同的行事规则，对"自己人"有更多的信任，而对"外人"则更多地抱有怀疑的态度。也就是说，在上下级关系中，上级会对"自己人"给予更多的偏私。

《孔子家语·致思》中有一则孔子借伞的故事：孔子和弟子们有天外出，天要下雨，可是他们都没有带雨伞。这时，有弟子建议说：子夏就在附近，可以跟子夏借。孔子一听就说：不可以，子夏家贫，我借的话，他不给我，别人会觉得他不尊重师长；给我，他肯定要心疼。我听说，与人交往，推人之长、避人之短，才能够相交长久。从这个故事可以看出，孔子心地善良，能够理解、同情人的处境。子夏小时候家里很穷，有个成语叫"子夏悬鹑"，意思是说子夏生活寒苦，衣服破烂打结，披在身上像挂着的鹑鸟尾一样。孔子知道子夏家庭状况，"恐不借而彰其过也"，所以才不去借伞。嵇康在《与山巨源绝交书》中也说"仲尼不假盖于子夏，护其短也"。孔子之所以"护其短也"，那是因为他们

是师徒关系，是自己人关系。

作为神魔小说，《西游记》一书中有很多妖怪，有些妖怪和神佛有"裙带关系"，有的是神佛的亲属，有的是神佛的坐骑，有的是神佛的童子和宠物，这些都是神佛的"身边人"。因此，每当孙悟空要举棒打杀之际，总能听到一个天外来音——"大圣手下留情"，随后有背景的妖精就跟着"后台"驾云而去。比如唐僧师徒历经千难万苦到灵山时，负责传经的阿难、迦叶二尊者竟向唐僧索要"人事"，如来还公然护短，说"经不可空传，亦不可轻取"，最后唐僧不得不把沿途化斋的紫金钵盂献了出去。

总之，各护其爱一定要有原则、有底线，要适度、执中，决不能袒护、庇护，充当保护伞。

三、习惯之恕

习惯是指人们习以为常的生活方式，可大致分为两类：一是行为活动习惯，是指日常生活中集体普遍的行为方式，也就是风俗；二是外在形体习惯，是指具体的礼节、礼貌或礼仪活动、礼仪形式，也就是礼仪。在与他人的交往中，习惯对人的影响至关重要，交往双方往往会因为风俗的不同导致误解，会因为礼仪的不同产生摩擦，对于这些文化冲突，我们要持尊重、包容的态度。

（一）风俗不同冒犯可恕

风是自然环境不同形成的风尚，俗是社会环境不同形成的习俗，风尚与习俗合在一起就是风俗。中国地域广袤，自然环境和社会环境千差万别，各地风俗大相径庭。正如西汉谏议大夫王吉所说，"百里不同风，千里不同俗"。因此，不同国家、民族、地区的人在交往过程中，会出现无意中冒犯当地风俗的行为。对于这种情况，我们应该持恕以调之，尊重各地的风俗差异和禁忌冒犯，做到入乡随俗，"美其食，任其服，乐其俗，高下不相慕"。

《论语·乡党》有一句话叫"乡人傩，朝服而立于阼阶"，讲的是乡人跳傩舞的时候，孔子穿着上朝的衣服立于东阶一侧。傩是驱逐疫鬼的仪式，在当时属于不登大雅之堂的风俗，它是一种信奉鬼神的表现。孔子对鬼神之事并不感兴趣，一向都是"敬而远之"的态度，《论语·述而》就有记载"子不语怪力乱神"。但是，当乡人举办驱逐疫鬼的仪式时，孔子并没有反对，而是入乡随俗、随和融入，穿着朝会的衣服，表现得相当尊重、礼敬。孔子的行为告诉我们，尊重风俗习惯是一种教养，要对不同的风俗习惯充分理解、尊重和包容。

总之，中国是一个土地辽阔的国家，要想实现"道一风同""天下风俗齐同"是很困难的。《礼记·曲礼》云："君子行礼，不求变俗。"古代先贤对风俗有着灵活和宽容的态度，会对无意中的风俗冒犯持宽恕态度，尊重差异，入乡随俗。

（二）礼节不同争执可恕

《史记·项羽本纪》中樊哙有一句话叫"大行不顾细谨，大礼不辞小让"，意思是说做大事的人不拘泥于小节，有大礼节的人不责备小的过错。中国自古被称为礼仪之邦，大到国家外交，小到日常生活的方方面面都需要礼仪、礼节。在一些特殊的情况下，如果对方无意间冒犯了一些礼节，我们也应该尽量容忍和宽恕。

《韩诗外传》记载了越王勾践派廉稽出使楚国的故事：廉稽到达楚国后，楚王派人对廉稽说，要按照楚国的习俗冠发戴帽见楚王。廉稽反驳说，如果这样，那么楚国使者到越国，也就要按照越国的习俗割鼻刺

面文身剪发才能见越王。楚王听说越国使者的话后，急忙出来道歉。与此相似的外交礼节冲突还有马戛尔尼使团访华。清政府要求马戛尔尼等人对乾隆行三拜九叩的大礼，而马戛尔尼却要求施平等的礼节，即英使向清帝三跪九叩，但须有一位同英使身份、地位相同的清政府官员向英王画像行同样的磕头礼，或以其谒见英王的免冠单腿下跪之礼谒见清帝。乾隆帝对此"甚为不惬"，认为英使是"妄自骄矜"但未强其所难，同意了英使单腿下跪谒见之礼。从这两个故事可以看出，楚王和乾隆对于微小的外交礼节冒犯，还是秉持着理解、包容和宽恕的态度，并没有强行推行自己国家的礼仪礼节。

与大的外交礼节冒犯一样，小的生活礼节冒犯也应该宽恕。冯梦龙《智囊》中记载，宋太宗时期，大臣孔守正和王荣陪宋太宗喝酒，两位大臣喝多了，互相争吵不休，失去了臣子的礼节。内侍奏请太宗将孔、王两人抓起来治罪。太宗没有治两人罪，并派人将两人送回。第二天，两人酒醒后，十分后怕，便一起赶到皇宫向太宗请罪，太宗装糊涂，托词说自己也醉了，不记得昨天发生了什么事，两位大臣感激涕零。宋太宗为酒后失礼的臣子遮丑，彰显了宽容与大度。

俗话说，成大事者不拘小节。在外交上，要"礼从宜，使从俗"，行礼的时候要根据时宜，出使外国要尊重和服从该国具体的风俗。生活中，我们要"竭人之力不责礼"，不要因礼节的冒犯和莽撞而斤斤计较，我们要有容才之量。

四、过错之恕

俗话说，大人不计小人过，儒家的"恕"还可以通过不计人过来体现。所谓不计人过，就是即便他人存在过错，也理性看待，持宽大的心态，不过分苛责。由此可知，过错之恕是从具体的情境出发的。在中国的传统文化中，以下情境是可以宽恕的：一是知错能改的人和行为；二是方式方法过分的直言规谏；三是认知不同所造成的冒犯。

（一）知错能改虽犯可恕

《弟子规》有云："过能改，归于无。倘掩饰，增一辜。"一个人最可贵的地方，不在于没有过错，而在于能改正错误。小人无错，君子常过，君子反求诸己。对于勇于改过的君子，我们要容人之错，宽容以待，不求全责备。

《史记·廉颇蔺相如列传》中记载：赵国文臣蔺相如因"完璧归赵"与"渑池之会"的功劳，被拜为上卿，位于廉颇将军之上，廉颇很不服气，多次扬言："我见相如，必辱之。"蔺相如听说后，处处避让。一日，蔺相如带领随从外出，远远看到廉颇的马车过来，他赶紧让车夫把马车赶到小巷子里暂避。蔺相如的手下纷纷劝他，不要害怕廉颇。蔺相如解释道，强秦之所以不敢进犯赵国，是因为我和廉颇将军同心合力抵抗。我之所以迁就忍让，不是害怕，是以大局为重。廉颇听说这件事以后，十分惭愧，于是便脱下战袍，背着荆条向蔺相如请罪，二人最终成为知心朋友。这就是负荆请罪的故事。廉颇知错就改，蔺相如宽容大度，两人成就了将相和的千古佳话。

与蔺相如一样对改过之人宽容大度的还有齐宣王。《韩诗外传》中记载了田子为相的故事。田稷子是齐国的宰相，他曾经接受下级百镒金子的贿赂，并把金子孝敬给母亲，母亲看到那么多金子，顿生疑虑，问他："子为相三年矣，禄未尝多若此也。岂修士大夫之费哉？安所得此？"田稷子便对母亲如实相告，母亲听后非常生气，严厉批评了他，田稷子听到母亲的批评后非常惭愧，立即把受贿的金子退了回去，并主动向齐宣王认罪，齐宣王在了解事情的始末后，表扬了田稷子改过请罪的行为，

赦免了田稷子的罪行，恢复了他的相位，并赏赐田母金子和布帛。齐宣王得饶人处且饶人，以恕待过，以德报怨，对田稷子的改过行为宽容为怀，从此之后，田稷子更加注意修身洁行，遂成一代名相。

与大人物相比，小人物同样有容人改过之量。《后汉书·王烈传》中记载：后汉太原人王烈，为人正直仁义，威望很高，深得乡邻拥戴。有一次某个盗牛者被抓，盗犯说："判刑杀头我都心甘情愿，只求不要让王烈知道这件事。"王烈听说后专门派人去看望他，还送给他一匹布。王烈说："盗牛人怕我知道他的过错，说明他还有羞耻之心。既然心怀羞耻，就必能够改正错误。"后来有老翁丢了一把剑，一个过路人见到后就一直守候剑旁，直到傍晚老翁回来寻到遗失之剑。王烈听说后派人查访，原来守剑者就是那个盗牛的人。与此故事相似的还有《渑水燕谈录》中所记的"于令仪济盗成良"，讲的是于令仪用宽厚的心去感化盗贼，使盗贼成了良民的故事。

古人云，人非圣贤孰能无过，知错能改善莫大焉。在这个世界上没有十全十美的人，每个人都会犯错。正所谓人无完人、金无足赤，对于盗牛人这种知错能改的人，我们应该怀着宽厚、仁慈和包容的态度礼待他们，不念人旧恶，不责人小过，给他们改过自新的机会。

（二）直言规谏虽过可恕

魏晋时期的桓范在《世要论》中提出"七恕"，第一恕就是"臣有辞拙而意工，言逆而事顺，可不恕之以直乎？"有的臣子拙于言辞，但主意好，有的臣子提的意见听起来不太顺耳，但有利于工作推进，对于这些动机正确而进谏方式直接的正直之臣，君主应当予以宽容和谅解。然而在大多数情况下，犯颜直谏的行为往往被视为"逆龙鳞"，有触忤贬官、下狱、杀头甚至灭门的危险。夏桀囚杀贤臣关龙逄，商纣剖忠臣比干之心，吴王夫差剥净臣伍子胥之皮，都是先例，而能原谅有过错、有过失的犯颜直谏者的更是少之又少。

春秋时期齐国宰相管仲在讨伐宋国的途中结识了一个叫宁戚的贤才，于是便给他写了一封推荐信。宁戚带着推荐信面见齐桓公，但他并未当面拿出推荐信，而是当着众臣的面批评齐桓公杀兄得位，穷兵黩武。齐桓公顿时火冒三丈，下令要杀宁戚，但见宁戚临危不惧，又产生惜才之心，免了宁戚的罪。这时宁戚拿出推荐信，告诉齐桓公刚才的讥讽是在试探，如果齐桓公不是宽仁的明君，即便是死，他也不会把推荐信拿出来。"君子贤而能容罢，知而能容愚，博而能容浅，粹而能容杂"，齐桓公广纳贤能，大度用人，宽恕了宁戚的"逆龙鳞"行为，从而让有才之人趋之若鹜，成为"春秋五霸"之首。

魏徵与唐太宗，二人一个敢于直谏、一个善于纳谏的故事成了千古佳话。魏徵辅佐唐太宗17年，先后上书200余次，其中不乏一些过火的"犯上直谏"的例子。有一次，唐太宗生病，想搬到一个旧阁子里住，打算将旧阁子装修一下。然而，外面都在议论，说皇上要用十车铜建造一个望陵台。唐太宗下令追查，发现竟然是魏徵造的谣。他与魏徵当场对质，魏徵辩解说："这种夸张只是为了净谏的需要，危言耸听也是为了大唐的江山啊！"面对魏徵的狡辩，唐太宗非常生气，想要杀了他，但想着魏徵是为了大唐的江山社稷，于是就平息了怒气，原谅了魏徵。唐太宗虽然起了杀心，但他却抑制住了冲动，原谅了魏徵的造谣之罪，向天下证明了自己用才之心、容才之量。

同样有容人雅量的，还有宋太宗、宋仁宗。司马光《涑水记闻》卷二中记载：宰相寇准在为员外郎时，向宋太宗奏事逆了龙鳞，惹得太宗拂袖回宫。寇准居然一把拽住太宗的衣袍让他坐回原位，直到把所奏之事定下才放他回宫。在古代，寇准的行为就是大不敬，是失礼行为，但太宗却赞赏有加，甚至对人说："朕得寇准，如唐太宗得到了魏徵。"与太宗能容忍寇准直言犯上相似的还有宋仁宗。宋仁宗想提拔宠妃张贵

妃的伯父张尧佐为节度使，包拯在廷辩时义愤填膺滔滔不绝，据《曲洧旧闻》记载，包拯"大陈其不可，反复数百言，音吐愤激，唾溅帝面"，包拯唾沫星子溅了宋仁宗一脸，宋仁宗知道包拯是出自为国的一片忠心，并未过于责备，而是放弃了提拔张尧佐。在上下等级森严的封建社会，寇准敢拉宋太宗的衣袖，包拯敢吐宋仁宗一脸口水，而且居然没有因此受到惩罚，这是难以想象的事情。

"文死谏、武死战"是中国古代政治生活中的传统，在谏言过程中，虽然有时方式方法有点不妥，有强谏、硬谏甚至是犯颜、冒死直谏，但如果部下出发点是好的，也应该"恕"。俗话说，宰相肚里能撑船，不计较部下的谏言之错，以大局为重的当权者方能成就大业。

（三）认知不同虽咎可恕

在中国，民间留存了大量与认识不同、见识不同含义相关的俗语、谚语、名言，比如"燕雀焉知鸿鹄之志""蟪蛄不知春秋""望洋兴叹""夜郎自大"等。这些都说明了人与人之间由于经历、背景不同，认知是不同的。在认知不同的情况下有所冒犯，不应该怪罪，因为不知者不罪。

《红楼梦》中有一出"刘姥姥二进大观园"的经典桥段。刘姥姥是一位山野村妇，进入大观园以后，洋相百出，惹得大家哄堂大笑。无论是小姐还是丫鬟，几乎都在嘲笑刘姥姥。但贾母对刘姥姥是非常真诚的，她以"老亲家"称呼刘姥姥，两次设宴招待刘姥姥。其间，王熙凤、鸳鸯为使贾母高兴，还捉弄、戏谑刘姥姥，而贾母对刘姥姥却有更多的理解和尊重。席间，贾母对刘姥姥的酒令"大火烧了毛毛虫"不但不讥笑，反而鼓励"说得好，就是这么说"。后来，在刘姥姥临走前，贾母还让鸳鸯送了刘姥姥很多衣食药品。诚然，刘姥姥有着乡野老人的憨厚、粗俗、没见识，但贾母并没有因此看不起她。贾母以超越她所代表的家族、阶级的格局，以开明的态度接纳、包容了处于社会底层的刘姥姥。

恕：己所不欲，勿施于人

孔子"三季人"的故事也是原谅包容认知水平不在同一层次的人的典型。一日，子贡在门口扫地。一位客人问他一年有几季。子贡答道，春夏秋冬四季。访客说，不对，明明是三季。两人为此争执不休。孔子听到争论，跑出来观察了一番说："一年确是三季。"客人听后，高高兴兴地走了。事后子贡问孔子："一年明明有四季，老师您为什么说三季呢？"孔子说："他就是个蚱蜢，生于春季，死于秋季，就没见过冬季，你跟三季人根本解释不清。"俗话说，宁与同好论高下，不与傻瓜论长短，对于认知不同的人，解释就是愚蠢，不但浪费时间、精力，还徒劳无功。我们要像孔子一样，能容忍对方观点的不同，懂得尊重，不着急去反驳。因为与"三季人"讲道理，就像对牛弹琴一样，弹得再好，对牛来说也只是噪声而已。

与此"三季人"相似的还有"三七二十七"的寓言故事。从前一个秀才和一个老农，扭打到了县太爷的公堂上。老农说三七等于二十七，秀才说三七等于二十一。他们二人请县太爷给他们评评理。县太爷听后打了秀才二十大板，无罪释放了老农。秀才不服气，县太爷说：三七等于二十一没错，错就错在，堂堂一个秀才却和目不识丁的老农纠缠不清。正所谓，秀才遇到兵，有理说不清。既然不能解释，那就包容接纳。因为，面对一个同自己认知层次不等的人，我们再怎么解释，也是鸡同鸭讲。

"夏虫不可语冰，井蛙不可语海。"并不是所有人都可以站在同一处看风景，每个人看到的世界、理解是不同的，位置不同、认知不同，与其争论，不如少言不辩，尊重他人的境遇，保持包容。

五、结语：得饶人处且饶人

当前，我国正处于社会大转型期，在此大背景下，儒家恕道可谓是

处理人际关系、缓解人际矛盾、维护社会和谐的一大良方。恕是一门如何对待别人、宽容别人的伦理哲学，是处理人我关系的基本要求，是本着一颗宽恕、包容、体谅的心，为人处世，与他人交往，不强人从己，宽容待人，对他人不抱怨、不苛求。在新时代，践行儒家恕道能够促进人与人之间的良性互动，保证人际关系的和谐发展，促进家庭和谐、社会和谐。

当然，恕这一原则也适用于更广大的范围，它可以处理国与国之间的关系。目前，全球化趋势加剧，国与国之间既有冲突，又有休戚相关的共同利益。如何让国与国之间在频繁的交往中既保持独立性，获得各自应得的利益，同时又避免冲突，日益成为棘手的国际问题。恕道为日益全球化的世界提供了一种明智而有效的相处之道。儒家的"己所不欲，勿施于人"被镌刻在联合国大厦内，成为处理国家之间、民族之间、文化之间和宗教之间的准则。中国奉行的独立自主的和平外交政策，其中一以贯之的也是恕道。在当今的国际交往中，如果人们奉行恕道，彼此尊重，以平等、宽容的精神相待，国家无论强弱，民族无论大小，皆不以自己的意志和价值观念强加于人，这无疑可以促进交往，增进理解，减少冲突。

综上所述，儒家恕道发展至今，其内涵虽然会随着时代的发展而不断地扩充或更新，但其内在所蕴含的理解、宽容、宽恕等处世哲学却依旧是指导我们行为的准则，它不仅影响着每一个中国人，还对整个世界的道德文明有所启迪。

恕：己所不欲，勿施于人

课后资料

一、课后思考题

1. 结合相关内容，阐述"恕"的核心内涵及其在儒家思想中的演变过程。

2. "利益之恕"包括哪三种表现形式？请举例说明其中一种表现形式。

3. "习惯之恕"包括哪些情形？试分析在现代社会应如何应对这些冲突。

4. 在"过错之恕"中，知错能改、直言规谏和认知不同分别对应的宽恕逻辑是什么？请结合具体例子说明。

5. 儒家恕道在当下国际关系中有何现实意义？

二、拓展阅读

1. 何彦彤：《国之本与德之则——试析儒家"恕"观念的起源与义涵》，《社会科学论坛》2019 年第 5 期。

2. 黎昕：《朱熹对儒家忠恕思想的阐发及意义》，《朱子学刊》2004 年第 1 期。

微课

练习题

一下部

勇：仁者不忧，勇者不惧

公元 3 世纪中叶，义兴阳羡（今宜兴市）流传着"周处除三害"的故事。据说，周处年少时身材魁梧，臂力过人，但为人却任性凶暴。当地乡民们将他与南山猛虎、西氿蛟龙合称为"三害"。有人劝他去杀猛虎和蛟龙，实则希望三害之间互相拼杀。周处杀死猛虎，又下河斩杀蛟龙。周处在河里与蛟龙大战三天三夜，他杀死蛟龙回来后，才发现乡人以为他和蛟龙一起死了正互相庆祝。他这时才意识到，自己虽然体强力壮，但却被乡民当作祸害。因此，要想成为一名真正的勇者，仅仅身体强壮是远远不够的。

《礼记·中庸》中说，"知、仁、勇三者，天下之达德也"[1]。勇作为一种道德驱动力，是激发和维持我们践行道德，趋于理想人格的必

---

[1] 《礼记》，崔高维校点，辽宁教育出版社 2000 年版，第 189 页。

要品质，在中国传统文化中占有非常重要的地位。而一个人要想成为真正的勇者，仅仅身强体壮是不行的。孔子认为勇是儒家人格的重要构成要素，但他也提出勇是一种中立性的品质，要成为美德必须有所节制和规范。"勇"在《论语》中出现了16次，且多与"礼""义""仁"等同时出现，如"仁者必有勇"，"知者不惑，仁者不忧，勇者不惧"等。

一、溯源探义说"勇"

甲骨文	金文	篆文	隶书

勇，形声字，从力，甬声，由表示钟的"甬"字和"力"字组成。"甬"在甲骨文中写为"𩵋"。本指古代挂钟，上面是钟悬，下面是钟体，中间的横画象征挂钟的装饰纹。古代的钟和现代不同，一般是由青铜或铁铸成，十分沉重，故能举起沉重之钟的人为勇者。清朝段玉裁在《说文解字注》中说，"勇者，气也。气之所至，力亦至焉"[1]。"勇"的本义是指有勇气、勇敢，引申为有胆识的人，如勇士、士兵等。

我们在此讲的是勇之美德，从"勇"的字形出发分三个层次。"勇"，其文字最早见于商朝早期的金文[2]，在字形演变上沿三种脉络发展。一是以"力"为意符，如战国时期的"𢽳"，后发展为楷书"勇"。从甬

---

① 《说文解字 最新整理全注译本》编委会编：《说文解字（最新整理全注全译本 第5卷）》，中国书店2011年版，第2316页。

② 谢金花编著：《勇》，天津人民出版社2012年版，第3页。

勇：仁者不忧，勇者不惧

从力，即力大者为勇。先民要想维持生存，不管是在狩猎时期与野兽搏斗，还是在农耕时代从事田间农作，都需要强大的力量和健壮的身体。而一个人自身有力量但通体不勤，也无法在农耕或狩猎中获得成功。因此，只有克服人之天性中的倦怠懒惰，勤于学习、思考和做事的人，才能习得本领并以之安身立命。我国自古就有悬梁刺股、闻鸡起舞等经典故事。二是以“心”为意符，春秋战国时期流行于秦国的籀文中，以“心”代替“力”，勇由心生。如《墨子·经上》所言，“勇，志之所以敢也”[1]，即勇敢之心是基础，强调“勇”在心智方面的要求，侧重自我状态和内心力量的勇敢坚毅，初写作，后发展为楷书“恿”。即用心面对，也可延伸为遇事、处人、遇挫时要有心智，能够用心智判断时机、决断事务。与各种人尤其是小人相处，面对人生挫折而能保持内心豁达坦然，是心勇的体现。三是以“戈”为意符，战国时期写作“”，后发展为楷书字形“戫”。“戈”，是象形字，甲骨文写作“”,像一种长柄兵器的形状。本指一种武器的名称，后泛指兵器或战争。古代勇敢的士兵手持兵器助战，“戈”在这里还可引申为假借。一个人能借助大势，分析事物基本规律，谋聚众人之气方能成就一番事业。

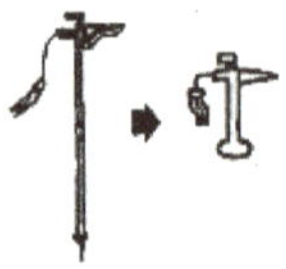

二、勤勇

勤，劳也。从力，堇声。本义是用力，有力量去做事情的意思。一个人能克服身心的懒惰，坚持不懈付诸行动，即为力行之勇。韩愈《进

---

① 墨翟：《墨子（珍藏版）》，吉林大学出版社2011年版，第179页。

学解》中就说，"业精于勤而荒于嬉，行成于思而毁于随"①。个体要想在社会上安身立命，首先就要勤学、勤思、勤为。

（一）勤学

孔子之所以拥有弟子三千，且被后世尊称为"圣人"，是与他自幼勤学分不开的。据史书记载，孔子在三岁时就开始读书识字，四岁已认识百余字了。我国自古就有很多激励人们克服身心倦怠发奋读书的故事，如悬梁刺股、囊萤读书、凿壁偷光、牛角挂书等。

《劝学》中讲，"三更灯火五更鸡，正是男儿读书时"，即晚上在灯火下学习到三更，五更鸡刚叫就又开始读书学习。这一早一晚都是别人正在休息时，"男儿"却应克服身心疲惫坚持学习。战国时期政治家苏秦，年轻时学问不好，在好多地方都不受重视，甚至家里人也瞧不起他。后来，他下定决心发奋读书。为了防止自己夜间犯困，每当自己困倦难耐的时候，就用锥子在自己大腿上刺一下。通过身体上的疼痛，让自己保持意识的清醒。东汉著名政治家孙敬，刚开始也是因为知识浅薄得不到重用。他下决心认真钻研，每天勤奋读书，经常顾不上吃饭。读书时间长了，他疲倦得直打瞌睡。他想到一个办法：古时候，男子的头发很长，他用绳子把自己头发的一端绑在房梁上。这样，一旦因疲劳瞌睡而低头，就会因头发被牵扯而惊醒。这就是我国著名的"悬梁刺股"的故事，为了有更多的时间学习，他们用锥子刺大腿或用绳子绑住头发，以此克服身体的疲倦和人性本有的倦怠。

著名经济学家、教育家王亚南亦是一生勤学。他自幼就立下志向：勤奋读书。读中学时，他每天读书到深夜，疲劳的时候才会去床上躺一会儿。为了防止自己睡深，他把床的一条腿锯短半尺，被人称作"三脚床"。

---

① 迟双明：《韩愈集全鉴》，中国纺织出版社 2020 年版，第 152 页。

勇：仁者不忧，勇者不惧

这样，如果他在床上睡得很深，在迷糊中一翻身，他就会因床倾斜而被惊醒，继而立刻下床读书。上大学后，他的宿舍门口贴着"来客接谈十分钟，超过时间恕不奉陪"。他在担任厦门大学校长期间，虽然年龄已近半百且学校事务繁忙，但他仍坚持学习。而且，为了有更多的时间读书学习，他经常在清晨四五点就起床。他非常注重劳逸结合，而阅读就是他的一种休息。就算是到外地出差，他也要带着书以便随时阅读。虽然偶尔也会观看戏剧或电影，但他的时间大多还是用在学习和工作上。他晚年生病卧床时，依然坚持每天读书半小时，以免自己的精神松懈。

勤学是我们安身立命的根本，不然即便有万贯家财也会受人耻笑。《红楼梦》中就刻画了一个不读书的"呆霸王"薛蟠。他虽有钱财，却因没文化而多次被嫌弃。一次，薛蟠邀请宝玉等人吃饭，众人闲谈时提到字画，他称赞之前见到的一幅画，说落款是"庚黄"。大家觉得奇怪，宝玉写了两个字问："别是这两个字罢？与'庚黄'相去不远。"原来，薛蟠口中所说的"庚黄"是"唐寅"二字。薛蟠觉得没意思，只得笑道："谁知他'唐银'还是'果银'的。"

颜之推在《颜氏家训》中提出："自古明王圣帝，犹须勤学，况凡庶乎？"纵观古今中外，能够在某个领域中做出一定成绩的人必然是勤学之人。而勤学，不仅是成就一番事业的必然基础，也是我们作为生命个体在社会上安身立命的根本。学习是一种习惯，勤学并没有那么难，其实我们每个人自呱呱坠地就在不停学习，学习也是最自然不过的事情。一个人只有勤学，才能正确认知自己生存的这个世界，才能获得一定的知识和学问继而懂得做人做事的道理，最终在这个社会上得以安身立命。

（二）勤思

勤学更应善思。孔子曰，"学而不思则罔"。思，篆文由"卤"（脑

门）和"心"组成。悤，可引申为思念、观念、思考的意思。勤学为基础，侧重个体学习的状态、毅力和恒心，勤思则更强调个体的逻辑判断和思维能力。只埋头学习却不懂得思考，就不能活学活用、融会贯通。

搞发明创造需要勤于思考，敢于创造。仓颉勤于思考，敢为人先，才创造了汉字。他认真观察天上星宿、大地上的山川河流，以及鸟兽虫鱼的痕迹、草木器具的形状等。在此基础上，他日思夜想，终于造出不同的符号，并确定了每个符号代表的意思。这就是"汉字"的起源。东汉时期的蔡伦，也是因为在日常生活中勤于思考，才能改进传统的造纸工艺。古时的书多是以竹简或缣帛编制，竹简太重不方便移动，缣帛又太贵重。蔡伦自幼聪颖勤思，他在任尚方令期间，主管宫内御用器物和宫廷御用手工作坊。他不满足于完成本职工作，多次到洛阳周边（今洛阳偃师区缑氏镇附近）收集制作材料，虚心听取他人建议，勤于思考总结经验。最终，他利用碎布（麻布）、树皮、渔网、麻头等制造出优质的纸张，而造纸术随后也得到了推广。东汉时期杰出的科学家张衡从小就喜欢思考，他对周围的事物总是要寻根究底，这才能发明浑天仪、地动仪等。

医学技术的进步也离不开勤于思考和敢于创新。我国东汉时期著名的医生华佗就是在治病救人的过程中勤于思考，这才发明了举世闻名的麻沸散。东汉末年，连年的战争造成了大批伤员的出现。华佗作为有名的医生，经常被请去给战士治病。有很多伤员需要进行剖腹或截肢之类的手术，当他看到病人在手术中痛苦万分时内心不忍，他每天都在思考怎样才能减轻病人手术中的痛苦。一次偶然的机会，华佗到乡下行医。他在路上碰到一个人因为误吃了臭麻子花（又名洋金花）而失去了知觉。当时，他用清凉解毒的办法把病者救了过来。这时华佗就联想到，如果把这种花用在治病救人上，也许就能减轻病人手术时的痛苦了。他临走时什么酬劳也没要，就带走了一捆连花带果的臭麻子花。华佗反复思考，多次请教其他医生，经过不停地思考与实验，终于制成了麻沸散。纵观这些发明大家，他们无一不是善于观察、勤于思考，在总结前人经验的基础上又敢于打破常规之人，而正是因为他们的勤思与勇为，社会才能迅速发展。

反之，只会埋头学习而不会思考的人是书本的奴隶。唐朝大诗人李白就写过一首诗，专门嘲讽"学而不思"的儒生。自汉朝开始，山东儒学就分为齐学和鲁学。齐学重实用性，鲁学好古重章句。据说，李白在开元末年移居东鲁瑕丘，即现在的兖州。因当地距孔子故里不过几十里，李白在这里见到了大批"鲁儒"，他们每天谈论五经，模仿孔子的衣着打扮。甚至，每天不出门的他们，也模仿孔子去穿他周游列国时为行路方便穿的远游履。但可惜的是，如果让他们谈谈治国理政的观点和想法，他们却只会摇头晃脑地来一套"子曰……圣人有云……"李白心中鄙夷这些学而不思的儒生，创作一首《嘲鲁儒》："鲁叟谈五经，白发死章句。问以经济策，茫如坠烟雾。足著远游履，首戴方山巾。缓步从直道，未行先起尘。秦家丞相府，不重褒衣人。君非叔孙通，与我本殊伦。时事且未达，归耕汶水滨。"[1]这样的儒生只会钻到古书章句中，却不懂得治国理政的道理，还不如回到汶水边去躬耕。

在勤学的基础上，还要学会思考，这样才能真正达到学习的目的。我们知道，科技发展和社会的进步，都离不开人类的思考与创新。21世纪是信息化时代，网络技术渗透到人类生活的各个角落。海量的信息更要求我们以清晰的头脑和准确的判断能力在混杂的各类信息中筛选出真正需要的准确信息。只有勤于思考且善于思考，勇于打破常规，我们才能更好地面对信息爆炸的时代，适应并跟上这个时代的迅猛发展。

---

① 《李白诗选》，林东海选注，山东大学出版社1999年版，第65—66页。

（三）勤为

陆游在教子诗《冬夜读书示子聿》中说："纸上得来终觉浅，绝知此事要躬行。"[1] 在勤学和勤思的基础上，要想真正学会知识、掌握技能还离不开勤于实践，即勤为。为，是会意字，最初的构形是以手控象表示牵象去干活，役象以代劳。为，本就有做、干的意思。我们今天所说的大有作为、事在人为等，都保留了这个意思。

勤为才能把事情做好。"闻鸡起舞"的故事想必大家都知道：晋朝的祖逖年轻时就有大志向，每当与好友刘琨谈论国家大事时，总是满腔义愤，慷慨激昂。他与刘琨一起睡觉时，半夜听到鸡叫的声音，他就披衣起床拔剑练武。正是因为祖逖日夜勤奋，才能练就一身本领，被誉为东晋名将。唐朝厉归真为了将老虎画得更好，每天一大早就准备好干粮和笔墨纸砚，深入猛虎经常出没的荒山野岭。后来，他甚至在大树上搭个棚住了下来，仔细观察老虎的各种动态，蹲的、伏的、坐的，以及捕食小动物的等，尤其注意观察老虎发威时的状态。他每日将老虎姿态画成白描记录下来，积累了大量的老虎画稿。他甚至还向猎户买了一张虎皮，将虎皮披在自己身上，在家里模仿老虎各种动作，仔细琢磨老虎的各种神态。厉归真不惧困难，勤于练习，最终他画的老虎栩栩如生，受到大家的一致称赞。

此外，只有勤于作为，敢勇当先，才能有所成就。西汉司马迁在《史记·平原君虞卿列传》中记载了"毛遂自荐"的故事[2]。公元前259年，秦军围困赵国的都城邯郸。赵国的平原君带门下食客去楚国求助，毛遂主动请命跟随平原君前往楚国游说。平原君和楚王从清晨谈到中午，也没有任何结果。毛遂手按宝剑登阶而上，对平原君说："合纵的利害，

勇：仁者不忧，勇者不惧

---

① 《陆游集》，张永鑫，刘桂秋导读，凤凰出版社2020年版，第199页。

② 司马迁：《史记》，崇文书局2010年版，第448-449页。

两句话就可以说得明明白白。这么长时间了，怎么还定不下来？"楚王不满，毛遂按剑向前，勇陈利害，分析得失，义正词严，楚王马上答应签约。后来楚王派兵联合魏国，解了邯郸之围。正是因为毛遂自告奋勇争取机会跟随平原君出使，到达楚国后又勇于在双方谈判之时展现自己的聪明才智，才迫使楚王出兵救援赵国。而毛遂也因此提升了自己在门客中的地位，得到平原君的信任和重用。

我国航天事业的发展离不开航天人勇敢勤为。被誉为"火药雕刻师"的航天人徐立平，是敢勇当先、勤于练习的榜样。他出生在一个"航天家庭"，母亲是最早进入我国火箭发动机整形车间的员工之一。1987年徐立平选择了最危险的工作之一——为火药整形，就是在航天固体发动机上"雕刻"火药。误差不能超过0.5毫米，稍有不慎就会有生命危险。为了降低失误的可能性，他日复一日练习。即使在休息的时候，他也在琢磨怎样用力、如何下刀，一边想一边比画，甚至手臂酸麻也浑然不觉。正是因为不怕危险，勤于练习，徐立平仅凭手感就能将火药的药面整形误差从允许的0.5毫米缩小到0.2毫米，不愧为值得我们每个人学习的"大国工匠"。

我国自古就推崇工匠精神，当下也鼓励更多青年走技能成才、技能报国之路。工匠精神，意味着精益求精，只有执着专注、勤于练习，才能持续提升技能，追求卓越。2022年，全国200个集体和966名个人分别获得全国五一劳动奖状、奖章，956个集体获得全国工人先锋号，不管是"老师傅"还是"小工匠"，他们身上唯一不缺的就是勤于练习、精益求精的精神，而唯有如此才能成为一名合格的工匠。

三、智勇

《韩非子·显学》："夫智，性也。"①智，形声字，一个人立身于世，需用心智断事，面对人和挫折，方可坦然安定。

（一）智断

《礼记·乐记》："临事而屡断，勇也。"②智断，是用心决断，指的是能够用心智判断事情状况并把握有利时机，及时作出决断。

西汉末年，匈奴控制西域，汉朝与西域的往来中断。东汉时，明帝派班超出使西域。班超带领众人刚到达鄯善国时，国王对他们非常热情。但没过几天，班超就察觉国王对他们的态度变得冷淡。他马上派人调查情况，结果发现鄯国国王正跟匈奴使者谈笑。班超马上召集众人研究对策，大家纷纷表示服从班超的命令。班超随机果断决定，趁匈奴使者没有任何防备的时候，突袭他们住处将其一举歼灭。当天晚上，班超就带人突袭匈奴使者住处，并将其尽数消灭。班超的勇敢果断震撼了西域各国，他们纷纷和汉朝签订同盟，班超也圆满地完成了使命。在极端危急的情况下，正是因为班超英勇果断及时采取行动，才获得了最终的成功。如果他犹犹豫豫畏缩不前，后果就不堪设想了。

《史记》中记载了一段关于范蠡的故事。他的一生异常精彩，是一位善于根据不同情况做出决断之人。相信卧薪尝胆的故事大家已经耳熟能详，范蠡和文种辅佐越王勾践卧薪尝胆、励精图治，最终消灭吴国。范蠡也因此被越王封为上将军，此时的范蠡在越国位高权重。但他发现，越王只可与之共患难，却不能与之同富贵。此时的范蠡毫不贪慕荣华富

勇：仁者不忧，勇者不惧

---

① 《韩非子选》，王焕镳选注，上海人民出版社 1974 年版，第 32 页。

② 《礼记》，崔高维校点，辽宁教育出版社 2000 年版，第 135 页。

贵，果断写下"君行令，臣行意"，辞去官职离开越国。他还给好友文种写了一封信，大概内容是越国已经灭掉吴国，越王勾践不再需要我们，迟早会对我们下手的，他劝文种尽快逃离越国。但可惜的是，文种却认为范蠡过于小心谨慎，没有听从范蠡的劝告，最终被越王逼迫自杀。

范蠡隐姓埋名后，逃到齐国海滨。他又一次瞅准时机，果断行动。他让自己家族的人贱卖家族财产快速变现，当受到众人反对和族长约谈时，他更是果断向族长立下字据，保证一年内让家族财产翻三倍。范蠡拿了这些钱币，将之全部投入围海煮盐，他以高价聘请当地的良工巧匠，围盐田、煮海水、开盐埠……不到一年，就获得了三倍有余的暴利。没多久，他就成为当地数一数二的大盐商。范蠡准确判断局势，不贪恋权贵及时决断，保全了家人性命，又能瞅准时机，果断出手抢占商业先机，真可谓智断之勇也。

道家有言，"当断不断，反受其乱"。把握住合适的时机，勇于决断并付诸行动，需要智慧也需要勇气。有人说，选择比努力更重要，是有一定道理的。面对人生的岔路口，我们需要及时作出选择和决断。而尤其需要注意的是，勇于决断绝不是盲目判断，没有经过审时度势就做出决断是不可取的。这里所说的是，个体要能综合考虑当时的各种状况，学会用发展的眼光看问题，争取抓住对我们最有利的时机，作出相应的决断并及时行动。

（二）智处

人是社会性动物，总是生活在一定的关系之中。"君子喻于义，小人喻于利。"君子，一般指人格高尚的人；小人，一般指人格卑劣的人。

---

① 司马迁：《史记》，崇文书局 2010 年版，第 259 页。
② 孔子，孟子：《论语 孟子》，北京燕山出版社 2001 年版，第 34 页。

人的一生，不仅会遇到好人，也会遭遇小人。我们都知道与好人相处需真挚心诚、信守诺言等，那么与小人相处又该如何呢？中国历来就有不少应对小人的策略，如《周易·遁》中认为，"君子以远小人，不恶而严"①。

保持距离，不恶而严。唐朝名将郭子仪注重与小人保持距离，以智防奸。一次，郭子仪生病，大臣们纷纷前来看望。奸臣卢杞善于迎合，嫉贤妒能且多次陷害忠良。这天，卢杞也来看望郭子仪。他看到卢杞的帖子后沉思片刻，就让家中的亲人、随从和侍者等都待在房间内，并下令在卢中丞拜访期间，凡有出门者便严惩不贷。大家都猜不到郭子仪是什么意思。卢杞走后，家人询问郭子仪为什么要害怕卢杞，郭子仪微微一笑，解释道，自己并不害怕他，他担心的是自己走后卢杞会报复他们。

曾国藩对付小人李世忠是"不恶而严"的典范。"不恶"，指不用恶声厉色就能显出矜庄威严之状，也就是按捺脾气，不让矛盾激化。他认为，对付小人应在名和利上放宽。首先，不要和他争功。如果打了胜仗，就把功劳让给他。万一有保举的机会，就把他的名字写上。其次，是在钱财方面，不要和他计较。"严"则是指另一方面。首先，手札往来要少，即使写信，也不要说太多话，不能太亲密。其次，如果他的士兵在你管辖的区域内强逼老百姓，必定要秉公措置，决不姑息。因此可知，曾国藩与小人相处时，在外在的礼节上是宽和的，但绝不会与其亲密相交。

以忍容之，蓄能除奸。明朝张居正对奸臣容忍，积蓄能力最终一举除之的做法也是值得借鉴的。严嵩为官期间，陷害同僚，贪污纳贿，他的党羽和家人更是骄奢跋扈。严嵩一众的霸道行为，张居正早就看在眼里，但他不动声色隐忍多年，表面上注意不与对方产生冲突，然后在暗中默默积蓄力量。后来，张居正还称病隐退，走遍了小城街巷和乡野农

勇：仁者不忧，勇者不惧

---

① 《周易》，宋祚胤注译，岳麓书社2000年版，第162页。

家，体察民情以备将来之用。事实证明，他的这些做法和付出，在日后起了重要的作用。在严嵩专权的十几年里，民生哀怨，引起嘉靖皇帝的不满。他的儿子贪腐成性，利用职权谋取私利，很多官员敢怒不敢言。张居正隐忍不发，积蓄力量，抓住时机配合皇上一举铲除严嵩一党。

怎样与他人相处是每个生命的必修课程。网络时代下，现代人更多是在虚拟空间中与机器交流。人际交往的网络化，更需要我们提升与他人交往的能力。这些年的网络诈骗层出不穷，因为我们无法判断网络的另一端是怎样的人。首先，我们要以理智判别对方的好坏，继而选择自己的交往频率和方式。遇到好人，是我们的人生之幸。遇到坏人或小人，也是难免之事。面对坏人或小人的时候，我们就要保持内心的勇敢，学习古人的智慧。比如，与他们保持距离，万不可处处掏心掏肺；一定要有自己的底线和原则，一旦被触犯决不让步；准确评估自己的力量，不卑不亢积蓄力量，或适时寻求他人帮助等。

（三）智挫

苏轼在《留侯论》中认为"天下有大勇者，卒然临之而不惊，无故加之而不怒"[①]。真正的勇者处事不惊，面对世间荣辱和生老病死都能保持自己的内心畅达。

面对荣辱豁达。孟子曰："达者兼济天下，穷则独善其身。"[②]中国古代很多士大夫在官场失意，不能施展自己的理想抱负，当他们被贬谪时，依然坦然豁达，苏轼更是被一贬再贬，但他总能怡然自得、随遇而安。1097年，62岁的苏轼被贬儋州。他毫不悲伤，将儋州作为自己故乡。他还在儋州办学堂，很多人不远千里到儋州跟他学习。

---

① 《苏轼选集》，刘乃昌选注，齐鲁书社2005年版，第224页。
② 《孟子》，杨伯峻，杨逢彬导读注译，岳麓书社2021年版，第203页。

乐观面对衰老。唐朝的白居易和刘禹锡是一对好朋友，两人晚年都生活在洛阳。刘禹锡 70 岁终老，白居易 74 岁终老，在唐朝诗人中，两人算是比较高龄的。两人晚年手脚不便，眼睛也不好使，白居易遂生悲观情绪，向好友刘禹锡发牢骚，写了一首《咏老赠梦得》：

> 与君俱老也，自问老何如。
> 眼涩夜先卧，头慵朝未梳。
> 有时扶杖出，尽日闭门居。
> 懒照新磨镜，休看小字书。
> 情于故人重，迹共少年疏。
> 唯是闲谈兴，相逢尚有余。

看后，刘禹锡也写了一首诗回复他，即《酬乐天咏老见示》：

> 人谁不顾老，老去有谁怜。
> 身瘦带频减，发稀冠自偏。
> 废书缘惜眼，多灸为随年。
> 经事还谙事，阅人如阅川。
> 细思皆幸矣，下此便翛然。
> 莫道桑榆晚，为霞尚满天。

前六句附和白居易感叹老年不易，后六句转向豁达，尽说老年的好处。比如老人阅历丰富，看人更准，处事更沉稳，细想这也都是幸运的事。"莫道桑榆晚，为霞尚满天"也成为千古传唱的名句。

坦然面对生死。庄子看淡生死，超然物外，真可谓是坦然之勇。庄子的妻子死了，他却鼓盆而歌。他认为，生命周而复始就跟四季运行一样。死去的那个人静静地寝卧在天地之间，而我却呜呜地随之而啼哭，是不能通达天命的做法。庄子要离世时，因弟子要厚葬他而难过。他认为自己以天地为棺椁，以日月为陪葬的美玉，以星辰为珍珠，天地用万物来为他送行，他的葬物已经非常齐备了。

随着社会的不断进步，我们的物质生活条件越来越好，但精神问题却逐渐增多。当代青年很多是独生子女，他们不再生活在传统的大家族之中，一般是在三口之家或三代人的小家庭成长，自幼被父母或爷爷奶奶、外公外婆极度宠爱。但正是这极度的宠爱，也导致了一些青少年的内心极度脆弱，失去了面对挫折和困难的勇气。人的一生中不可能总是顺遂，总会遇到各种困难、挫折或磨难，我们更应注重对青少年智挫的培养，提高孩子们面对困难和挫折的勇气，使他们真正能做到宠辱不惊，心境坦然豁朗，持续直面向前，这样才能挑起民族复兴的大任。

四、谋勇

一个人的力量再大，毕竟是有限的。只有懂得假借外力，才能获得成功。古代战士在自身英勇的前提下，尚且懂得假借兵器以获得战争的胜利。同样，当代人在勤勇和智勇的基础上，如果懂得借助大势、掌握时机，并能够谋聚人气，就能获得最终的成功。

（一）谋势

个体行事只有依据环境大势、形势，才能事半功倍、有所成就。古往今来，能成大事者，必然是顺应了国家和社会历史发展的大趋势的。

战乱纷争年代，应势而为才能称之为真的勇士。众所周知，春秋战国时期是个战乱纷争不断的时代。而秦始皇之所以能结束几百年的战乱，

创建中央集权国家并实现华夏民族的统一，与著名纵横家张仪的谋势是分不开的。秦国在商鞅变法之后，实力迅速增强。秦国不甘心偏居西方一隅之地，开始向东部扩张势力。长平之战后，赵国力量被严重削弱。虽然秦国的力量还不足以抵抗六国的联合，但秦国相对于东方六国已经获得了绝对的战略优势。此时，纵横家张仪认真分析当时的发展大势，他首创"连横"的外交策略，积极游说六国亲近秦国。最终，成功游说楚王、齐王、赵王等，使其他六个诸侯国都愿意与秦交好，成就了秦始皇统一天下的霸业。秦国最终能统一天下，这与张仪的善于谋势是分不开的，而他在帮助秦始皇成就霸业的同时，也成为中国历史上最有名的谋士之一。

顺势而为，则可成人成事；逆势而行，则必定会走向失败。近代中国被迫沦为半殖民地半封建国家，中华儿女纷纷行动起来，宣传新的思想，为争取民族独立解放和人民平等自由而努力奋进。辛亥革命爆发后，革命党在南京建立临时政府并推举孙中山为临时大总统。1912年1月15日，孙中山明确表示：如果清帝退位，宣布共和，就让位于袁氏。袁世凯迫使清帝退位，并宣布赞成民主共和。但袁世凯在1915年竟然发布命令，表示承受帝位并接受百官朝贺，而且要将1916年改为"中华帝国洪宪元年"，并准备在1月1日即皇帝之位。推翻封建帝制，创建一个自由平等民主的国家是中华儿女的迫切愿望，已经是当时的大势所趋和民心所向。此时袁世凯选择复辟帝制必然是逆势而为，引起了群情激奋。最终，袁世凯在全国人民的声讨中忧惧而死。

河流自西向东，汇入汪洋大海，这是地势使然。同样，一个人如果想要成就一番事业，也要像水流一样认清大势，顺势而为才能事半功倍。

孙中山先生有句名言，"世界潮流浩浩荡荡，顺之则昌，逆之则亡"。[1]反之，不管一个人的个体力量有多强大，一旦逆行潮流，必然会遭遇重重阻碍，难以获得成功。作为新时代青年，我们更要胸怀宽广，时时关注国际国内大势，依据大势确定自己的目标，到国家最需要的地方或领域去工作，勇担民族崛起和国家复兴大业，在助力国家发展的同时，实现自己的独特人生价值。

（二）谋略

略，形声字，本义为经略土地，有计谋之意，如方略、策略、战略等。我们在依据大势确定自己的目标之后，就需要掌握具体的规律，并制订相应的行事计划去一步步实现。

《三国演义》中有一段著名的故事，即草船借箭。诸葛亮之所以能顺利借箭，是因为掌握了天气变化的规律，提前做好谋略，才达到了自己的目的。这段故事是有史实依据的，只不过历史上掌握天气变化规律而借箭成功的是孙权。据《三国志》记载，建安十八年（213）正月，曹操和孙权对垒濡须（今安徽巢县西巢湖入长江的一段水道）。刚开始交战时，曹操大败。后来，曹操的军队坚守不出。一天，孙权假借水面有轻雾，就坐船从濡须口直入曹操军队前沿，且令船上鼓乐齐鸣。曹操本就多疑，他见对方军队齐整威武，害怕其中有诈，就不敢出战，喟然感叹："生子当如孙仲谋，刘景升儿子若豚犬耳！"[2]无奈，曹操只得下令弓弩齐发，射击吴船。不一会儿，孙权的战船一侧就已是满满的箭矢。孙权调转船头，让另一侧也均匀受箭。没过多久，箭均船平，孙军

---

[1] 陈蓝荪编著：《孙中山革命人生图志》，复旦大学出版社2017年版，第422页。

[2] 陈寿：《三国志》，武传校，裴松之注，崇文书局2010年版，第500页。

安全返航，曹操这才明白自己上当了。

两军交战需要谋略，做其他事情也需要掌握规律提前做好规划才能事半功倍。中国古代著名商人白圭，善于观察时变，被称为"天下言治生者祖"。[①] 他认为，从商只有随机应变，掌握规律且巧用计谋才能获得成功。他根据古代岁星纪年法和五行思想，运用天文学和气象学等知识总结农业规律：在丰年粮食价格低的时候购进，到歉年粮食价格上涨时出售。他擅长观察天气变化，提前准备粮食物资等救济灾荒；在丰收时趁粮价低大量买进，等灾荒时就以低于市场的价格帮助人民度过灾荒。这样，他在帮助灾民的同时，也积累了自己的财富。在今天激烈的商战中，很多商人都非常尊崇白圭，奉"治生之祖"白圭为高人。

有人说，战争和从商关系重大，的确是需要仔细做好谋略的，那我们做其他事情时，是不是就不需要谋略了呢？其实不然，我们做任何事情，都需要在大势的基础上，把握事物发展的总体趋势和规律，并据此制定具体的方案和谋略，一步步踏实前行，才能达到最好的效果。尤其是当代的青年，切不可单凭自己的喜好和冲动就鲁莽行事，在做事情前一定要根据前期的充分调研制定出具体的行事方案。

（三）谋气

中国有句谚语，"一个篱笆三个桩，一个好汉三个帮"，意思就是只有团结众人，齐心协力做事情才能成功。王充在《论衡》中提道："天地气合，万物自生。"[②] 纵观中国历代成大事者，无一不是能聚集贤人能者于麾下的擅于谋聚人气之才。

中国自古就有尊重人才、礼贤下士的例子。周公，姓姬名旦，是礼

勇：仁者不忧，勇者不惧

---

① 《汉书》，施丁选注，中国少年儿童出版社 2004 年版，第 457 页。

② 王充：《论衡》，远方出版社 2005 年版，第 80 页。

贤下士、求才若渴的典范。他是周文王的第四个儿子、武王的弟弟。因他的封邑在周，故被后世称为周公。《史记·鲁周公世家》记载，周公"一沐三捉发，一饭三吐哺，起以待士，犹恐失天下之贤人"①。据说，他洗头发的时候，多次停下来不洗；吃饭的时候，多次停下来吐出食物不吃。而他之所以这样做，都是为了及时迎接贤人能士，唯恐自己洗头发和吃饭时错失天下的贤达有才之人。而后人也用"周公吐哺"，来形容一个人为了招揽人才而操心忙碌。

《三国志·武帝纪》中明确记载，"公收绍书中，得许下及军中人书，皆焚之"②。东汉建安五年（200），曹操与袁绍在官渡展开激战。两军实力相差悬殊，袁军数倍于曹军，曹操部将大多认为袁军不可战胜。但曹操最终以少胜多，大败袁军。袁绍弃军逃跑，全部的辎重物资、图册兵藏被曹军缴获。在清点战利品时，曹操的一名心腹发现了许多书信，他向曹操汇报这些信都是曹操部下与袁绍来往的密函，其中有不少示好投诚的话。曹操看过几封信后，却让心腹把这些信都烧了。心腹认为应该严处这些人，曹操却说，他们也是不得已的选择。曹操命人当众把信件全部焚烧。那些私通袁绍的部将，原本惊慌不定，见曹操此举，惭愧不已，同时也愈加感激，军中士气更盛。

五、结语：狭路相逢勇者胜

我国当代也有很多能谋聚人气的勇士。"时代楷模"彭士禄，作为革命英烈彭湃的儿子，被誉为"中国核潜艇之父"。他能够带领众多科

---

① 司马迁：《史记》，崇文书局 2010 年版，第 197 页。
② 陈寿：《三国志》，武传校，裴松之注，崇文书局 2010 年版，第 10 页。

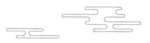

技人员攻坚克难，取得重大突破，与他的谋聚人气分不开。他有两个有趣的外号，即"彭拍板"和"彭大胆"。1962年，在核动力装置论证和主要设备前期开发时，面对众人的各种争论，他对研制人员说，不要吵，做实验，用数据讲话，最后他来签字。对了，成就归大家；错了，他来负责。但凡有危险和困难时，彭士禄总是冲在最前面。而面对名利时，他却总是藏着、躲着，让给团队的其他人。正是他这样勇担责任，团结有志之士和行业精英，才能团结一致为祖国的科技发展做出重大贡献。

总之，鲁莽和冲动不是勇，一位真正的勇者绝不仅仅是身体的健壮。他必然是能够以勤、智为径，学会假借他力而取得一定成就之人。勇，作为我们的传统美德，在中华大地上从未消失。细心观察，我们就会发现，在中华民族的时空隧道里一直有勇者穿行，在不同时代、行业中，总是持续不断涌现出真正的勇士，他们的勇之美德是值得我们认真学习的。

课后资料

一、课后思考题

1. 请结合《说文解字注》中"勇者，气也。气之所至，力亦至焉"的解释，谈谈你对"勇"字内涵的理解。

2. 请列举你所知道的中国古代关于"勇"的故事与传说，并说明属于"勇"的哪一层含义。

3. 请谈谈当今社会与日常生活中有哪些体现"勇"不同维度的新闻和事件。

4. 请结合社会主义核心价值观谈谈你对家风文化中"勇"三层含义的认识。

勇：仁者不忧，勇者不惧

5. "勤勇""智勇""谋勇"三者是怎样的关系?

二、拓展阅读

1. 谢金花编著：《勇》，天津人民出版社 2012 年版。

2.《礼记》，崔高维校点，辽宁教育出版社 2000 年版。

3.《孟子》，杨伯峻，杨逢彬导读注译，岳麓书社 2021 年版。

微课

练习题

解构家风密码

俭：静以修身，俭以养德

"酒囊饭袋"这个词，用来形容一个人只会吃饭而无所作为。其实，它最开始不是这个意思。"酒囊饭袋"的初始含义，与时下流行网络词"土豪"是同义词，指财大气粗、没有志向、喜欢炫耀、骄奢放纵之人。

"酒囊饭袋"的出处与五代十国时期的南楚有关。南楚国创建者是河南人马殷，故而南楚又称"马楚"。马殷早年家中穷困，做木匠活儿糊口，后投身行伍，逐步展现军事才能，统一湖南全境，创立了历史上唯一一个以湖南为中心的政权。马殷在位期间，勤政为民，湖南经济得以繁荣。马殷死后，其子继位。然而，马氏子孙贪图享乐，不走正道，南楚很快被灭国。马氏后人骄奢淫逸，不思进取，当时湖南人就称呼他们是"酒囊饭袋"。

结束五代十国混乱局面的是宋朝。历史殷鉴不远，马楚的兴衰引宋人喟叹不已。陶岳在《荆湖近事》中写道："马氏奢僭，诸院王子、仆从煊赫。文武之道，未尝留意。时谓之酒囊饭袋。"朱熹在《不自弃》一文中叹道："河南马氏倚其富贵，骄奢淫佚，子孙为之燕乐而已，人间事业百不识一，当时号为酒囊饭袋。"

关于马氏奢欲无厌的生活情形，司马光《资治通鉴》卷二八三"天福八年条"有详细记载，内容极丰富，此处只讲其中一例：黄金枪。为了炫耀富有，马殷之子马希范用黄金制作长枪，用来武装八千人的一支军队，虽金光闪耀，却只可看而不可用。马氏之奢靡，可见一斑。对此，司马光发表了一番关于"才德"的议论，至今读来，振聋发聩，引人深思！"才德全尽，谓之圣人；才德兼亡，谓之愚人；德胜才，谓之君子；才胜德，谓之小人。"这段话大概意思是：有才有德是正品，有德无才是良品，有才无德是毒品，无才无德是废品。

对于一个人的判断，本质在于其德性。"自古昔以来，国之乱臣，家之败子，才有余而德不足，以至于颠覆者多矣！"假如马氏后人能够自我约束，不骄傲，不放纵，继承父辈打江山的俭朴作风，那么，既有资本又有俭德的马氏，很可能改写中国历史进程，而南楚国又何至于灭亡。

一、溯源探义说"俭"

"俭"是中国传统文化中传播最久、普及最广的美德之一。不过，古今之人对"俭"的理解存在偏差。今人谈及"俭"，更多强调物质上的节俭。这种理解——或者说误解——其实极大压缩了"俭"的本义，遮蔽了它原本包蕴的丰富内涵。

甲骨卜辞中没有"俭"字，"俭"不是象形字，而是在会意或形声基础上人为专造的一个字，用来表达某种抽象意义或概念。许慎《说文解字》曰："俭，约也。从人，佥声。"段玉裁《说文解字注》作了更具体的解释："俭，约也。约者，缠束也。俭者，不敢放侈之意。古假'险'为'俭'。"

金文　　　大篆　　　小篆　　　楷书

如上图所示，"俭"由侧身站立的一个大人儿，压缩、矮化为两个小人儿，一同约束在房檐与众口之下，表示在众人前，在他人屋檐下，要注意收敛自己。可见，"俭"的本义是自我约束、不放纵。

早在《周易·象》中，就有"君子以俭德辟难"之说——这也是"俭"字最早的出处。显然，此处所言之"俭德"，不是勤俭节约之美德，而是人与人的相处之道。《论语·学而》言："夫子温、良、恭、俭、让，以得之。"《孟子·离娄上》也说："恭者不侮人，俭者不夺人。"《大戴礼记》曰："沉静而寡言，多稽而俭貌。"这些典籍也是从修身养性、为人处世的文化精神层面来阐述"俭"，而非从物质经济层面来阐述。当然，从勤俭节约的物质经济角度解释"俭"字，古代典籍中也不胜枚举，如《尚书·大禹谟》中的"克勤于邦，克俭于家"。

"俭"在中国传统文化中，其本义、引申义都被普遍运用，根据不同语境可灵活释义为"克制自己""不放纵""谦逊""节俭"等。只不过，到了现代汉语中，"俭"的本义与其他引申义几乎不用了，仅保留"节俭"之义了。

质言之，"俭"有三重意蕴：节俭、约俭和谦俭。物质上的节俭，是指衣、食、住、行、用等方面的节俭；精神上的"约俭"和"谦俭"是指向人品修炼，对内是欲望、情绪等方面的自我约束，对外是人际交往中保持谦逊，主动压低身段，收缩气场，不与他人争高下。

俭：静以修身，俭以养德

二、节俭

"家俭则兴，人勤则健，能勤能俭，永不贫贱。"

——《曾国藩家书》

在物资匮乏的年代，节俭几乎是一种自发行为，从个人、家庭，到社会、国家，为了生存而不得不节俭。当今中国社会，物质文明已极大丰富，还有必要提倡节俭吗？答案是：非常有必要！

当我们追溯"俭"的历史意蕴时，发现一个有趣现象：最早提倡节俭的人与历代大力提倡节俭的人，都不是穷人，而是富人，是社会的最高统治者。他们提倡节俭，不是为解决经济问题，是为教育子孙后代，为了家业、国运的长久兴盛以及统治地位的永久稳固。

最早提倡俭德的，是商朝的伊尹。《尚书·太甲上》记载，年轻君王太甲继位后，伊尹以辅佐大臣身份告诫太甲："慎乃俭德，惟怀永图。"唯有推行俭德，才能长久地维持王业。

自伊尹以后，俭德成为历代统治者的普遍信条，也是儒、道、墨、法等思想流派的共同追求。周公、孔子、老子、墨子、韩非子等，都提出了尚俭的思想。《韩非子·难二》曰："俭于财用，节于衣食。"《管子·形势》言："勤而俭则富，惰而侈则贫。"《魏书》言："尚俭者，开福之源；好奢者，起贫之兆。"诸葛亮在《诫子书》中说："静以修身，俭以养德。"可见，节俭不仅是美德，而且是有效的教育手段，具有超越时空的价值，故而备受历朝历代有识者的推崇。

历史上汗牛充栋的家训，几乎都有提倡节俭的内容。几千年来，那些有远见的长辈，无一例外地教育子女要节俭。穷人家迫于生计，不得不节俭，这种"俭"虽然是被迫的，但同样能起到教育作用。富人家的子弟，只有尚"俭"，才能成才，家道不至于中落。总之，任何一个家庭，无论穷或富，若能厉行节俭，子孙后代即使成不了大器，也不至于

成为败家子。

节俭，即物质上的节省，指向人的经济行为表现，与浪费、奢侈相对立。具体而言，节俭可分为食俭、用俭和仪俭三方面，统摄人们在衣、食、住、行、仪等物质上的自我收敛。

（一）食俭

《朱子家训》言："一粥一饭，当思来处不易；半丝半缕，恒念物力维艰。"这句话字面意思好理解，但要真正领悟其中道理，并不容易。

《红楼梦》里有一回写贵族小姐贾探春从贾府世仆赖大家回来后，思想发生了深刻变化，"从那日我才知道，一个破荷叶，一根枯草根子都是值钱的"。对此，薛宝钗感叹道："真真膏粱纨绔之谈！"

现如今，城里孩子住惯了高楼大厦，越来越少接触到农耕生活，甚至彻底脱离了土地，脱离了现实世界。他们不知道每天吃的食物是从哪里来的，分不清每种瓜果蔬菜长什么样、叫什么名字。照此下去，孩子们似乎也渐渐变成《红楼梦》里的"膏粱纨绔"了。

《成就青少年一生的50件事》这本书讲了一个故事，老师在课堂上发问："你们知道鸡蛋是从哪里来的吗？"学生们面面相觑，不知如何回答。过了会儿，一位学生犹疑说道："好像是从冰箱里边出来的，因为我经常看见妈妈从冰箱里拿鸡蛋。"

这个故事看似荒唐，其实并不罕见，甚至就发生在我们的身边。实际上，很多青少年不知道日常生活必需品是怎么来的。如果不知道食物从何而来，又何来珍惜之说？

南宋史学家曾敏行的史料笔记《独醒杂志》，记载了一则王安石生活节俭、不浪费食物的故事。王安石的一个亲戚萧公子，穿着华丽的衣服前往赴宴，以为堂堂宰相必定准备了丰盛的食物款待自己。等到中午，餐桌上只有两块胡饼而已。过惯了锦衣玉食生活的萧公子心里虽不爽，但也无可奈何,只能勉为其难地食用。萧公子拿起一张饼,去掉边和皮,勉强吃了饼心,便撂了筷子。王安石看了看桌上的残饼,想:百姓多有食草根、树皮、观音土者,年轻人竟如此不知节俭,怎能兴国立业!王安石二话不说,就把萧公子吃剩的胡饼拿过来,有滋有味、大口大口地吃起来。萧公子羞得满面通红,告辞而去。

《弟子规》说:"对饮食,勿拣择。食适可,勿过则。"在饮食方面,王安石不挑食、偏食,生活简朴。在家粗茶淡饭,反对奢华宴请,遇不得不请之客,他也力求节俭。比如这次萧公子来访,理应招待,但席间菜肴简素,令这位向来骄奢的亲戚无可下箸。如此待客,看似不够风光体面,但王安石以宰相之尊,行节俭之事,以身作则,为家庭、官场和社会都树立了一个好榜样。

在《我的父亲邓小平》一文中,作者邓榕回忆父亲邓小平饮食简单,平时粗茶淡饭,从不浪费一粒米、一片菜叶。有时不小心掉到桌面上的饭粒,他都一粒粒夹起,送到口中。每次吃完饭,总会夹起一片菜叶把碗底一抹,把饭汤吃干净,最后把菜叶吃掉。当天的剩菜、剩饭,只要没有隔夜,邓小平从不让家人倒掉,"做成烩菜、烩饭,下顿接着吃",他还调侃家人:"不会吃剩饭的是傻瓜。"他常说:"我们国家还不富裕,人民群众生活还有一些困难,我吃那么好,心里不安呀。我吃的饭菜很好了,什么时候中国的老百姓都能吃上四菜一汤,那该多好。"邓小平一生,健康长寿,思维敏捷,这与他饮食俭朴的好习惯是分不开的。

在历代名人名家中,那些早年过惯了奢华生活、晚年耐不得俭朴生活的人,不在少数,主要原因还是家庭教育不到位、未能及时纠正不良生活习惯。有鉴于此,曾国藩屡屡教训儿女要勤俭节约,一再告诫子孙后辈不可安逸享福,担忧"吾家后辈子女皆趋于逸欲奢华,享福太早,

将来恐难到老"，"少劳而老逸犹可，少甘而老苦则难矣"。①为培养节俭品质，曾国藩设立了一套家法，如要求每日"诸男在家勤洒扫，出门莫坐轿；诸女在家学洗衣、学煮菜烧茶"，生怕儿女过得太安逸了；又如，安排孩子们定期到老房子居住，"命纪泽、纪梁、纪鸿、纪渠、纪瑞等轮流到老屋居住，五十、大妹，二妹等亦轮流常去"，让他们体验祖、父辈的艰辛生活。恪守家训、教育得法的曾家后人，个个能吃苦，人人甘俭朴，没一个是骄奢之徒。

（二）用俭

老话说："富不过三代。"子孙不能振兴或继承家业，似乎是"家运"到头，"气数"枯竭，实际上是一个人逐渐形成的不良生活习惯或作风导致的。唐朝柳玭在《戒子孙》一文中说得很透彻："夫名门右族，莫不由祖考忠孝勤俭以成立之，莫不由子孙顽率奢傲以覆坠之。成立之难如升天，覆坠之易如燎毛。"②富裕并不必然导致奢侈，富裕却不自我约束，放纵自我，才是"富而奢"的根本原因。

解决"富而奢"的办法是"富而俭"。对于这一点，曾国藩有很深的体悟："世家子弟最易犯一'奢'字'傲'字。不必锦衣玉食，而后谓之奢，但使皮袍呢褂俯拾即是，舆马仆从习惯为常，此即日趋奢矣。见乡人则嗤其朴陋，见雇工则颐指气使，此即日习于傲矣。《书》称：世禄之家，鲜克由礼。《传》称：骄奢淫逸，宠禄过也。京师子弟之坏，未有不由于'骄奢'二字者。尔与诸弟共戒之。至嘱至嘱！"③

俭：静以修身，俭以养德

———————————

① 曾国藩：《曾国藩家书》，王峰注，延边人民出版社2010年版，第17页。
② 翟博主编：《中国家训经典》，海南出版社2002年版，第348页。
③ 曾国藩：《曾国藩家书》，王峰注，延边人民出版社2010年版，第201-202页。

　　李商隐《咏史》有一句诗流传千古："历览前贤国与家，成由勤俭败由奢。"古往今来，无数的历史事实证明，勤俭持家则国富民强；贪图享乐，骄奢淫逸，能毁掉一个人的前程，甚至毁掉一个国家。

　　《韩非子》"象箸之忧"就记载了这样的一则历史故事：帝辛是商朝第三十位国君，有一天，帝辛正在吃饭，叔叔箕子走了进来。箕子眼尖，一下子就发现了帝辛手里握的是一双象牙镶金筷子，而不是平日用的木头筷子。顿时，箕子脸色大变，又惊又恐，浑身战栗，顾不得请奏之事，赶紧退了出来。箕子哭道："殷商国运到头了！要亡国了！"周围人感到诧异，问箕子何出此言。箕子擦了一把眼泪，叹道："他开始用象牙筷子，很快就要配上黄金饭碗、犀玉杯子。使用珍贵的象牙和犀角玉器做餐具，吃的东西必定不能粗劣，定然是珍馐美味。紧接着，他就要穿昂贵的绫罗绸缎，建富丽堂皇的楼宇高台。如此下去，将一发不可收。"果不其然，仅仅过了五年，帝辛就沉湎于奢靡淫荡，"大聚乐戏于沙丘，以酒为池，悬肉为林，使男女裸，相逐其间，为长夜之饮"。从此，帝辛也不再叫帝辛了，他有了新的名号——纣王，商朝在纣王穷奢极欲中灭亡了。

　　节俭的重要性，中国历代哲人都有刻骨铭心的领悟。《魏书·李彪传》言："俭开福源，奢起贫兆。"节俭开启了福气之源头，奢侈开始了贫穷之兆头。这里的"开""起"二字，耐人寻味。风起于青萍之末，从一个人的日常微小细节，可以看出他的品质与前途命运。

　　节俭不仅是人的美德，也是获得成功的重要方式。毛泽东终生保持艰苦朴素的生活习惯，是勤俭节约的典范。他的衣服鞋帽，许多都是补了又补，一件睡衣打了 73 个补丁，一条毛巾被也打了 54 个补丁。勤俭节约的思想与风范是老一辈无产阶级革命家留给我们的一笔宝贵的精神财富，激励着一代又一代中国共产党人艰苦奋斗、披荆斩棘，最终带领人民战胜贫穷、走向富裕。

（三）仪俭

食俭和用俭涵盖了吃穿用度等方面的自我约束，适用于所有的个体与家庭。相较而言，仪俭更适用于有一定身份、地位或社会影响力的个人和家族，强调对他们的仪式、规格、排场等方面的限制或规约。

古代"僭越"一词，意指越过自己所属等级，做出与本人身份地位不相符的行为。儒家"崇俭"思想，很大一部分内容是指恪守等级、不僭越。《论语》多次提到仪俭，比如，"奢则不孙，俭则固"，"礼，与其奢也，宁俭"。孔子以"礼"来规范人们的仪式规格，认为在衣食住行、婚丧嫁娶、交往、祭祀等活动中，应该严格遵守"礼"的规定，并以此来判断是否符合伦理。当季氏超越等级，"八佾舞于庭"时，孔子怒责："是可忍，孰不可忍？"孔子倡导"温良恭俭让"，其中"俭"是重要道德要求之一，主张君臣上下坚守礼制，不逾矩，守本分。

仪俭方面的成文规定，历代君主通常采用法令制度的形式，对广大臣民加以严格限制。比如，不同品级的官员，居、行、服、器各有定式，不许僭越；典礼、巡行、差出、宴饮等各种职务消费，也都有相应规定。康熙在《庭训格言》中说："俭以成廉，侈以成贪。"居官在位，唯有俭，才能廉洁而不贪污；僭越，则往往导致腐败堕落。

据范晔《后汉书》记载，东汉有位名臣，复姓第五，名伦，字伯鱼。第五伦曾官至司空，位列三公，虽身居高位，俸禄优厚，却能俭以自奉，一直保持平民百姓的作风。史书写第五伦"不修威仪"，上朝时乘坐一辆瘦马拉的旧车，平时步行，日常穿布衣，家中吃的也是粗茶淡饭，与寻常人家一样。在第五伦的言传身教之下，他的儿子、孙子也先后出仕，且都为官清廉，节俭持家的门风得以代代相传。

《宋史·包拯传》记载，包拯从做地方官到开封府知府，再到后来任副宰相，官位越来越高，但生活照样十分朴素，跟普通百姓没有什么两样，"虽贵，衣服、器用、饮食，如布衣"。只有外出做客或访友，

俭：静以修身，俭以养德

包拯才换一两件稍讲究的服饰。包拯的儿孙们平时穿的也是粗布衣裳，没有一个会像纨绔子弟那样，大讲排场，浮华奢侈。

方志敏在担任中共闽浙赣苏维埃政府主席期间，在革命工作中从始至终廉洁奉公，节俭自持。作报告、开会时，他不喝茶，只喝白开水；到各地巡视工作，他从不准许招待，谁招待就批评谁。方志敏认为，节俭的意义，不是什么钱都不花，而是要识大局，不该花的钱坚决不花，该花的钱毫不吝啬。他曾在《清贫》中写道："我从事革命斗争，已经十余年了。在这长期的奋斗中，我一向是过着朴素的生活，从没有奢侈过。经手的款项，总在数百万元，但为革命而筹集的金钱，是一点一滴的用之于革命事业。"

节俭之"俭"，是指人们占有和使用金钱、资源时，要把握好一个度。"俭"不是节衣缩食，也不是大手大脚，而是当用之用。所谓"当用"，即墨子所言"量腹而食，度身而衣"，满足人们衣、食、住、行各方面的基本生活需要。比如穿衣，《弟子规》曰："衣贵洁，不贵华。"衣服干净整洁，穿在身上舒适，能遮风保暖，就很好了。过度的花销或使用金钱、时间，去做无意义的事情，就是奢侈。

正所谓"乍富不知新受用，乍贫难改旧家风"，"由俭入奢易，由奢入俭难"。奢侈生活的人，就其本质而言，人格是有缺陷的。奢侈者离开了华美的服饰就不会穿衣，离开了美味的食物就不会吃饭，一旦境遇不佳或身处乱世，糟糠难以下咽，粗布羞以裹身，这时候将过得更加不自由。人格健全的人则不然，"习劳习苦，可以处乐，可以处约"，耐得劳苦，经得冷暖，苦日子、甜日子都过得下去。一个人安于简单而朴素的生活，内心会变得强大，精神世界也变得丰富。内心丰富、强大的人，不需要靠炫耀外在物质来凸显自己的价值和存在，在俭朴生活中彰显淡定自然，从容不迫，自尊自信。

三、约俭

"毋大而肆，毋富而骄，毋众而嚣。"

——《中山王鼎铭文》

约俭，即精神上的自我约束，做到克己约身，管控好自己的身心，克制住自己的欲望，时时反省自己的所作所为。节俭注重对物质的调节与控制，而约俭强调对心性的调养与修炼。在这个层面，"俭"是人对自身的内在要求，在精神上自我收敛，收敛的对象是时间、精力、情感、欲望、思想等非物质存在。

修炼心性可分为三个向度：惜时、节欲、节怒。俗话说"玩物志多丧，惜时业早成"，明朝陈其德《垂训朴语》言"读书不趁早，后来徒悔懊；精力本易衰，光阴如电扫"，岁月匆匆，光阴易逝，人生在世要趁早读书立志——此为惜时。老子言"见素抱朴，少私寡欲"，孟子曰"养心莫善于寡欲"——此为节欲。姚舜牧《药言》说"凡人欲养身，先宜自息欲火"，管控住了情绪，就可以驾驭"心魔"而非让"心魔"吞噬自我——此为节怒。质言之，约己而自控，修身且养性，克己自律，是为俭。

（一）惜时

古人说："盛年不重来，一日难再晨。"唐朝王贞白《白鹿洞》诗云："一寸光阴一寸金。"若把一生的光阴虚度，便是抛下黄金而没有买到一物。对于昨天、今天和明天，有人曾这样比喻：昨天是一张作废的支票，明天是一张期票，今天是你唯一拥有的现金。这些名言譬语，无不在警示我们及时把握时间的重要性。

苏东坡非常珍惜时间，曾写诗道："无事此静坐，一日似两日。若活七十年，便是百四十。"他认为，静坐读书可以延长人的生命价值，

173

一日相当于别人两日，这样活七十年，相当于别人活一百四十年。后来，有人稍改此诗，以此讽刺那些浪费时间的人："无事此静卧，卧起日将午。若活七十年，只算三十五。"

人人都知道时间宝贵，但真正能有效利用时间的人却为数不多。元朝文学家陶宗仪的《辍耕录》记录了一个寓言故事。传说五台山上有一种十分漂亮的寒号鸟，夏天时羽毛特别好看，到处找鸟比美，唱道："凤凰不如我！凤凰不如我！"秋天来临，别的鸟要么飞到南方过冬，要么自己筑窝，可寒号鸟无动于衷。等到深冬来临，天气寒冷，它还是不搭窝，漂亮的羽毛也全部脱落了，冻得它尖声喊叫："哆罗罗，哆罗罗，冬天冻死我，明天就搭窝。"口号喊得响，行动始终跟不上。当凛冽的寒风袭来时，这光秃秃的肉鸟还在不停哀鸣："得过且过！得过且过！"最后它被活活冻死在石缝中。

元朝杂剧《小孙屠》演绎了一个真实的"寒号鸟"故事。这是一部公案戏，主人公孙必达是宋朝都城开封府一屠户之子，其父早亡，在母亲督促下刻苦读书，弟弟孙必贵承继父业，杀猪为生，养活全家。然而，孙必达十年寒窗苦读，却始终未能获得功名，便心灰意冷，终日行乐，过着"做一天和尚撞一天钟"的浑噩生活。阴错阳差中，孙必达卷入了一场命案，官府严刑逼供，孙必达屈打成招，被判死刑。危难关头，弟弟孙必贵挺身而出，代替哥哥认下了所有罪名。孙母听到惨讯，气急攻心而死。一时间，孙家厄运连连，令人不胜同情。

《小孙屠》塑造的孙必达是一个让人"哀其不幸，怒其不争"的读书人形象：失意的书生，年年科考年年败，最终变成了缺乏行动能力的"寒号鸟"，即便到了家破人亡的悲惨境地，他还是一筹莫展。作者通过孙必达这个人物形象，表达了对黑暗社会的控诉，同时鼓励人们要珍惜时间、奋发有为，外部环境越是恶劣，越要树立信心，付诸行动，攻坚克难，绝不应该"得过且过"。

解构家风密码

174

　　金钱尚有价，时间永无价。时间不像金钱，它不能囤积、无法替换，失去了再也回不来。金钱可以买到锦衣华服，却买不来时间的一分一秒，任何人都不能遏止时间的流逝。曾国藩说："天可补，海可填，南山可移，日月既往，不可复追。"他督促后辈要勤苦好学，不可耽于安逸，"尔读书写字不可间断，早晨要早起，莫堕高曾祖考以来相传之家风。吾父吾叔皆黎明即起床，尔之所知也"①。他自己以身作则，不管在朝为官还是在外行军打仗，从不忘读书写字，"余在军中不废学问，读书写字未甚间断，惜年老眼蒙，无甚长进。尔今年未弱冠，一刻千金，切不可浪掷光阴！"②

（二）节欲

　　春秋时期，鲁国君主请教孔子如何选取人才。孔子提了"三不选"标准，即欲望过度的人不选，追求权力的人不选，心口不一的人不选。欲望过度的人，一定很贪婪，必定贪赃枉法。

　　俗话说，"人心不足蛇吞象，气是清风肉是泥"。一个人欲望太盛，又管控不住自己，往往在其他方面同样无法约束自己。《韩非子·解老》云："人有欲则计会乱，计会乱而有欲甚，有欲甚则邪心胜，邪心胜则事经绝，事经绝则祸难生。"意思是人一旦有了私欲，就会出现错乱，办事会失去原则，祸患就会不断产生。

　　在节欲方面，中国传统的道家与儒家持有相同的观点。老子说："见素抱朴，少私寡欲。"孟子曰："养心莫善于寡欲。其为人也寡欲，虽有不存焉者，寡矣；其为人也多欲，虽有存焉者，寡矣。"孟子在"寡欲"的问题上虽不会走得像老子那样远，但孟子提出"养心莫善于寡欲"

① 曾国藩：《曾国藩家书》，王峰注，延边人民出版社2010年版，第199页。
② 曾国藩：《曾国藩家书》，王峰注，延边人民出版社2010年版，第200页。

的见解，无疑是对老子"少私寡欲"的注解。

人虽是高等动物，也无法摆脱天然的动物性。欲望是人的自然属性，是一种本能。孟子说："食、色，性也。"《吕氏春秋》言："天生人而使有贪有欲。"但人与动物的本质区别，就在于人能够约束自身欲望，控制本能，而动物却只能被动适应自然天性。古代先哲一再提醒我们，要节制欲望，"欲有情，情有节。圣人修节以止欲，故不过行其情也"。

欲望需要节制，不可放纵。须知："广厦千万间，夜眠八尺半"，"良田千万顷，日食两三升"。司马光在《训俭示康》中告诫儿子："但凡有德行的人都很节俭，懂得收敛欲望。一个人本来明白事理，如果他贪欲过多，渴求非分之富贵，那他就会偏离正道，很快就会遭来祸患。无知的人，如果有了贪欲，就会家庭破财，甚至招来杀身之祸；为官的人，如果过分追求享乐，就会接受贿赂，最后身败名裂。"[1]

"拙政园"是闻名中外的苏州园林，它的缔造者是明朝王献臣。《明史》记载，王献臣自小聪颖过人，出口成章，被称为"神童"。弘治六年（1493），25 岁的王献臣参加科考，一举成名，考中了进士。拥有"神童"美誉、"进士"光环的王献臣，仕途颇为顺畅。为官 16 年，王献臣在官场混得风生水起，也看惯了宦海险恶。41 岁那年，他急流勇退，不再出仕，回到老家苏州隐居，花了 16 年时间，在原先的苏州大弘寺废地之上，建成了后来名噪天下的"拙政园"。

如何教育好下一代，王献臣显然严重失误。他的儿子好样没学到，坏样一学就会，沾上了赌博的恶习。王献臣的儿子叫什么，无从考证，反正是败家子，不管正史还是野史都不屑于留下他的名号。但他败掉这座园子却有着记录：那是"赌"输掉的。明末清初人徐树丕的《识小录》

---

① 王同书，于平：《古今中外妙文点赞》，南京师范大学出版社 2018 年版，第 86 页。

一书，记录了很多鲜为人知的故事，其中一个故事是"一掷千金"豪赌而输掉拙政园。王献臣花了16年心血才建成的拙政园，竟被儿子一夜之间输掉，令人可叹、可畏。

（三）节怒

常言道：冲动是魔鬼。多少悲剧都是一怒之下造成不可挽回的后果。普通人往往难以控制自己的情绪：发财了，则骄横、鄙视穷人；贫穷时，则沮丧、意志消沉。不能控制情绪的人，容易患得患失，得意时轻狂，失意时抬不起头。这是因为人们过于注重物欲享受与追求，很难摆脱"荣辱若惊"的局限性。

儒家主张克制情绪。《论语·八佾》："乐而不淫，哀而不伤。"快乐的时候，不能过分快乐，悲哀的时候也不要过分伤心。在合理界限内，情感不需要收敛；超出合理界限，要加以收敛。那么，区分合理与过度的标准是什么？在孔子的时代，这个标准是"礼"。孔子说，"克己复礼为仁"。克制自己，回到礼制，这就是仁。"礼"代表的是一种社会秩序，它可以是古代的周礼、礼俗、道德规范，也可以是现代的法律、规章、纪律、约定、职业道德等，凡是被称为"规矩"者都可发挥限制情绪的作用。

汉魏之际政论家桓范在《政要论》中提醒世人，修身齐家治国，没有比克己更重要的了。遍观有家有国者，他们取得成功，无一不是做到了克己自律。唐朝名将郭子仪，晚年退休家居，喜欢观看乐伎编排歌舞节目，以此排遣岁月。那个时候，后来成为唐史《奸臣传》主角的宰相卢杞，尚未成名，只是普通官员。有一天，卢杞前来拜访郭子仪。郭家正是一片莺歌燕舞，郭子仪也在兴头上，一听说卢杞来了，他马上命令所有女眷，包括歌伎，一律退到大堂屏风后面，统统不准出来。郭子仪单独和卢杞谈了很久。等卢杞走了，家眷们才出来，问道："你平日接见客人，毫无避讳，我们在场谈谈笑笑。为什么今天接见一个书生却要这样慎重？"郭子仪说："你们不知道，卢杞这个人很有才干，但心胸狭隘，容易记仇，长相又不好看，半边脸发青，好像庙里的鬼怪。你们女人最爱笑，没什么事也要笑一笑。如果看见卢杞的半边青脸，一定会大笑。你们一笑而过，不以为意，他却会记恨在心，一旦得志，你们和我的儿孙，没有一个活得成！"不久，卢杞果然当上了宰相，凡是过去看不起他、得罪过他的人，几乎都难逃抄家或杀身之祸，唯独郭子仪家幸免于难。

克制情绪的人安全，放纵情绪的人危险。情绪如同一匹桀骜不驯的野马，当你能驾驭它时，它才会为你的人生保驾护航。只有懂得控制情绪的分贝，克制住脾气，才能留得住福气，在人生这条路上行稳致远。有这样一个故事，说两个仇家狭路相逢，其中一人蛮横说："我从来不给狗让路。"面对侮辱和挑衅，另一人不仅没有大发脾气，反而侧身让道，微微一笑说："我恰好相反。"你不给狗让路，我给狗让路——这是多么智慧的反应。遭遇不顺时，发脾气只会让事情变得更糟糕，控制情绪才能消解不幸，免除祸患。

能够控制情绪的人，就是有定力、有俭德的人，这样的人极富人格魅力。试想一想：在一个家庭中，情绪稳定的太太，或是有定力的母亲，不就是在关键时刻保持家庭稳定的人吗？在一个单位里，波澜不惊的领导者不就是迷航时的指南针、纷乱时刻的定海神针吗？俗话说：没事不惹事，有事不怕事。当发生事情的时候，情绪稳定的人不会慌张，不会怨天尤人。这种不慌、稳定的人格频率，正是魅力之源。

好的情绪就会有好的风气，好的风气就是好的家风。情绪和家风一样，风一吹过来，所有的草都跟着动起来。一个人改变自己的情绪，就会让他人、整个家庭、整个组织改变风气。

"约俭"是指有意识地约束自己，包括对时间的控制、对情绪的掌

控、对欲望的克制以及对不良习性的克服。质言之，约俭即克己，克制、收敛、压缩个人过度的情感或欲望，把欲望、情感保持在合理限度内。

克己是人生至难之事，是一辈子的修行。朱熹说："世路无如人欲险，几人到此误平生。"曾国藩将"节劳、节欲、节饮食"视为"保身之训"，终生勤勉自修，不敢触碰欲望底线。

当不以物质作为最高的生活追求，在满足基本物质需要的基础上，以事业成功、道德高尚作为人生目标时，这样的人不会因为物质的逝去而感到空虚，在追求精神满足的过程中，他们感悟到了人生真义。

那些失败者，无一不是因为做不到克己，或奢侈浪费，或放纵欲望，或虚掷光阴，不一而论。《国语·鲁语》曰："民劳则思，思则善心生；逸则淫，淫则忘善，忘善则恶心生。"过分追求物质的奢华往往伴随着心灵的安逸，长此以往，人的心灵就被物欲充斥，不再追求精神的升华，而是整日沉湎于物质享受，成为物欲的奴隶。

人最大的敌人是自己。面对大自然或他人的攻击，一个人往往能够爆发出惊人的能量，激发潜能来战胜对手，可是面对人性弱点，人常常会迷失自我。人每一次克制自己，就意味着他比以前更强大了。所以，《老子》说："胜人者有力，自胜者强。"战胜别人，只是强壮有力而已；战胜自我，才是真正强者。

俭：静以修身，俭以养德

四、谦俭

"恭者不侮人，俭者不夺人。"

——《孟子·离娄上》

谦俭，即人际交往中的自我压缩，谦逊有礼。

"君子讷于言"，君子平时为人低调，低姿态，不夸张，不炫耀，态度谦逊，古人称之为"俭貌"。有君子风度之人，在言谈举止方面往往会很注意，收敛多余的个人色彩，放低身段，收缩气场。《易》言"君子以俭德避难"，意思是君子凭借谦逊之品德而避免了灾难。南唐谭峭《化书》劝勉世人："俭于交结可以无外侮。"清朝沈青崖《训子诗》告诫子孙："自视勿骄侈"，"举止词色婉"，"气扬常自抑，性猛济以宽"，"卑下毋凌轹，势焰毋攀援"。

质言之，在与他人相处时做到对上尊、对下谦、对平让，是为俭。

（一）对上尊

现代人都知道"礼貌"二字，却对"俭貌"一词知之甚少。《大戴礼记·文王官人》："顺与之弗为喜，非夺之弗为怒，沉静而寡言，多稽而俭貌，曰质静者也。"其中的"多稽而俭貌"，意思就是多稽首，态度谦恭低调。

怎样才算俭貌呢？比如：在穷人面前，尽量不要摆阔，不提自己生活有多富裕。在病人面前，尽量不要显摆自己有多强壮。在有丧事的人家里，衣着尽量不要太光鲜，不要说笑。总之，在与他人相处时，尽量不要把自己优越的一面到处展现。《尚书》曰："满招损，谦受益。"谦逊恭敬是待人接物、安身立命的根本原则。人应戒骄戒傲、虚怀若谷、恭敬待人、谦逊处世。

《史记》载孔子拜访老子，老子见孔子爱卖弄学问，告诫道：一个既聪明又富于洞察力的人，身上经常隐藏着危险，因为他喜欢批评别人；雄辩且学识渊博的人，也会遭遇相同的命运，因为他暴露了别人的缺点。一个人还是节制为好，不可处处占上风。

对于聪明人，老子给的处世建议是："不自见，故明；不自是，故彰；不自伐，故有功；不自矜，故长。"一个人不自我表现，反而显得与众不同；不自以为是，反而会超出众人；不自夸，反而会赢得成功；

不自负，反而会保持成就，不断进步。

汉末的杨修很有名气，是一位才思敏捷的饱学之士，曾担任曹操的主簿。曹操新修造了一所花园，观看后未置褒贬，命部下取过笔来，在大门上写了一个"活"字。众人不解。杨修说："'门'内添'活'，乃'阔'也，丞相嫌园门太宽阔了。"众人依言翻修了园门。曹操又来观看，当他得知这是杨修的主意后，原本欢喜转成厌恶。后来，刘备攻打汉中，曹、刘两军对峙多日，难决胜负。适逢厨师端来鸡汤，曹操有感于怀，随口而出："鸡肋！鸡肋！"杨修听闻，即刻让随行人员收拾行装、打点归程。曹操知道此情后，痛斥杨修造谣惑众、扰乱军心，怒而杀之。后人为杨修叹息："身死因才误，非关欲退兵。"杨修之死，死在他显才逞能。如果他像老子说的那样，"不自见、不自是、不自伐、不自矜"，便不致有杀身之祸了。

《鸿门宴》的故事家喻户晓。在杀机四伏的宴席上，刘邦成功脱身，后人多归功于樊哙英勇救主。其实，真正救了刘邦的，是谦逊之"俭德"。

在鸿门宴前一天晚上，项伯来到刘邦阵营通风报信。刘邦在项伯面前表现得非常谦虚。因为他很清楚，以项伯之地位，用金帛是无法拉拢的，唯有礼遇、敬重之态度。于是，刘邦以侍奉兄长的礼节，高规格接待了项伯，并亲自为项伯斟酒祝寿，借机又结为儿女亲家。项伯连夜驰回鸿门，把刘邦的话转告项羽，并百般疏通，使原本剑拔弩张的局势有所缓解。——谦逊为刘邦赢得了生机。

鸿门宴当天，刘邦仅带着张良、樊哙和百余名从骑来到楚营。刘邦一见项羽，忙上前谢罪，卑辞言和，三次自称"臣"，表现得相当朴拙，没有丝毫的野心与张扬，加上项伯预先所做思想工作的铺垫，一下子打消了项羽的戒心，局势朝着有利于刘邦的方向转变。——谦逊为刘邦赢得了转机。

项羽看到刘邦谦和，很高兴。这一高兴，就要沛公留下来喝酒。此类酒席从来不是简简单单地吃饭，更是权力场的近距离较量，是权威与顺从的生动演绎。刘邦深谙此道。酒席上，项羽东向坐，刘邦北向坐。东向是尊位，北向是卑位。刘邦巧妙利用座位礼仪，给自己一个低调定位，以示安心臣服项羽。余英时《说鸿门宴的坐次》一文，敏锐地指出了坐次的奥秘，"坐次是太史公描写鸿门宴中极精彩而又极重要的一幕……详述当时坐次，决非泛泛之笔，其中隐藏了一项关系甚为重大的消息"[1]。杨树达《秦汉坐次尊卑考》根据汉朝典籍考证出，"秦汉坐次，自天子南面不计外，东向最尊，南面次之，西面又次之，北面最卑，其俗盖承自战国"[2]。刘邦面朝北而坐，即"北面称臣"，示意自己臣服于项羽。项羽是力拔山兮气盖世的英雄，英雄不屑于也无须与俯首称臣之人争斗。刘邦坐北向，是以臣子的身份来恭敬奉迎项羽，不落痕迹地化解了杀身之祸。——谦逊为刘邦解除了危机。

当时项羽有四十多万精兵强将，刘邦只有十万人，两军相差了整整三倍，项羽完全有能力在正面交战中击败刘邦。刘邦自知实力不如人，要想活下来，不被项羽歼灭，就必须深藏不露，低调为人。谦逊不是无能，而是韬光养晦、积蓄力量，等具备了与对方相抗衡的实力，再出头也不迟。

（二）对下谦

"水低成海，人低成王。"水往低处流，汇集成了大海；做人也应低调谦卑，才能获得别人的敬佩。当一个人能够以谦卑的姿态对待他人，就像汇聚百川的江海一样，永远处于最低的位置，人们就会自觉地拥护他。

"周公吐哺，天下归心"是曹操《短歌行》里的一句诗，说的是周

---

① 余英时：《论士衡史》，上海文艺出版社 1999 年版，第 109 页。
② 杨树达：《积微居小学述林 7 卷》，中国科学院出版 1954 年版，第 247 页。

公礼贤下士而得到天下的故事。其实，曹操自己也有"跣足出迎"的美谈。《三国演义》第三十回写官渡之战，当时交战双方处于胶着对垒状态。曹操兵少粮缺，士卒疲乏，后方又不稳固，面对袁绍强敌，进退两难，焦头烂额时，许攸来了。曹操高兴得来不及穿好鞋子，就跑出来接许攸，许攸献出"火烧乌巢"之计，帮助曹操打赢了官渡之战。

"周公吐哺"与"跣足出迎"，都表现了大人物对人才的渴望与尊重，也表现了位尊者对位卑者的谦逊态度。谦逊也成为历代君王招揽贤才、治国理政的标配品格。

谦逊的君王，能让弱小的国家变得富强；骄傲的君主，会让强大的国家走向衰亡。刘向《新序·杂事五》记载，魏文侯问政于李悝：春秋时期五霸之一的吴国，为何会灭亡？李悝说：因为吴国"数战数胜"。魏文侯不解："数战数胜，国之福也"，为什么会灭亡？李悝说：连续作战，百姓就会疲惫不堪；连续获胜，君主就会骄傲。骄傲的君主率领疲惫的队伍，这就是吴国灭亡的原因。

王阳明《书正宪扇》一文中，对"骄傲"二字作了鞭辟入里的论述。其文曰："今人病痛，大段只是傲。千罪百恶，皆从傲上来。傲则自高自是，不肯屈下人。故为子而傲，必不能孝；为弟而傲，必不能悌；为臣而傲，必不能忠。"人的最大毛病是骄傲，许多罪恶，都是因为骄傲而产生的。人骄傲了就会抬高自己，认为自己做什么都对，不肯向别人屈服。所以，做儿子的骄傲，必定不会孝顺父母；做弟弟的骄傲，必定不会敬爱兄长；做臣子的骄傲，必定不会忠于君王。

关羽为何会失去荆州，败走麦城？《三国演义》将之定性为"大意"二字。这无疑是小说家的有意美化，是对历史事实的曲意阐释。陈寿在《三国志》中明白无误指出，关羽之败，败在骄矜自负："关羽、张飞皆称万人之敌，为世虎臣……然羽刚而自矜……以短取败，理数之常也。"对于关羽骄傲自大的缺点，陆逊也看得很清楚："羽矜其骁气，陵轹于人。始有大功，意骄志逸。"由此可知，关羽之败，败在"自矜"，骄傲自满。

一个"骄"字，断送了盖世英雄。一代豪杰，黯淡收场，令人唏嘘不已。因忠勇正直，关羽死后被神化，各地建了许多关帝庙，但关羽自大而败亡的惨痛教训，世人也不应该选择性忽视，要以此自警：骄至必衰！

（三）对平让

当一个人生活比较顺利时，他的态度可能有两种：一是骄，盛气凌人，仗势欺人；二是俭，约束、收敛自己，把自己的地位、身段放低。老子建议人们保持第二种态度："光而不耀，静水深流。"

为什么要收敛？老子曰："富贵而骄，自遗咎也。"一个人既有钱，地位又高，却还是盛气凌人、骄横无礼，把自己的气焰抬得很高，这是在给自己制造麻烦，无意中给自身埋下了祸端。元朝有一位名叫密兰沙的诗人，他在《求仙》诗中一针见血指出了"富贵"与"速亡"之间的可怕关联："一家富贵千家愁，半世功名百世怨。"一个人拥有了富贵，随之而来的是周围所有人的嫉妒。如果这个人不懂得收敛，不愿意低调做人，那么招来的就不是嫉妒而是忌恨。"羡慕嫉妒恨"是人的本性，当所有人的羡慕、嫉妒、愤怒都集中在这个人身上，他的生活将处处遇到阻力，厄运的种子就埋下了。

成功是一把双刃剑，它带给人无与伦比的荣耀，也会埋下不计其数的险滩、暗礁或炸弹，一不小心就会把人击得粉碎。一个人无论身处什么位置，什么环境，都应该收敛自己，不逞强、不炫耀、不狂妄，才能长长久久兜住自己的福气。

春秋时期，晋国大夫赵衰跟随公子重耳逃亡在外十多年。其间在狄国，赵衰娶了狄国女子叔隗为妻，生下儿子赵盾。重耳回国即位，成为春秋五霸之晋文公。晋文公为奖赏赵衰，把自己女儿赵姬嫁给了赵衰，

生三子。身为公主的赵姬，十分贤德，她提议把赵盾及其母接回晋国。赵盾母子回来后，赵姬一再请求立赵盾为嫡，让叔隗做正妻，自己甘愿为妾室。赵姬还谆谆告诫三个儿子安守本分、以庶子身份侍奉兄长赵盾。晋成公时期，赵盾受重用，成为晋国举足轻重的人物。晚年赵盾效法赵姬让贤之举，将赵氏宗主之位让给了赵姬儿子赵括，而不留给自己的儿子赵朔。无论赵姬还是赵盾，他们在世时，秉着谦虚让贤的优良家风，赵氏家族上下齐心、紧密团结，赵氏在晋国朝野的位置牢不可破。

古人常讲："惟谦受福。"唯有保持一颗谦虚的心，才会有福气。谦虚的人对生活常怀一颗敬畏之心；对他人则谦逊有礼，与人为善。把握好分寸，自然会处处逢源，人生路也会越走越宽。

一个人有了优点，很少不自夸；有了才华，很少不自傲。自夸，势必会掩盖别人；自傲，必然会欺压别人。掩盖别人的人，别人也会来掩盖他；欺压别人的人，别人也会来欺压他。对此，古人在1000多年前就提出警告："毋大而肆，毋富而骄，毋众而嚣。"不要因为强大就放肆，不要因为富裕而骄傲，也不要因为人数众多而气势汹汹。

《论语》曰："君子泰而不骄，小人骄而不泰。"君子有傲骨，但没有傲气，有着坚强内心，同时又能谦恭有礼，和善待人；小人有傲气，但无傲骨，只会处处显摆，骄矜自胜。君子不吹嘘自己，是因为不愿意凸显自己、掩盖别人，不希望抬高自己、贬低别人。譬如稻子，越是干瘪的稻穗，就越是高昂着头；越是稻粒丰足，越是愿意垂下头颅。谦逊，是世上最动人的姿态。

总之，"俭"作为中华传统美德，强调的是生活作风、为人处世要注意自我收敛、自我约束。清朝王应奎在《柳南续笔》中说："凡人生百行，未有不须俭以成者。"物质上的节俭可以让人避免贫穷，精神上的清心寡欲可以延年益寿，人际交往中的低调谦逊可以远离祸端。"俭"之为德，诚然！

五、结语：由俭入奢易，由奢入俭难

21世纪以来，我国经济飞速发展，物质生活极大丰富，再让人们回到"新三年，旧三年，缝缝补补又三年"的艰苦时代是不可能的。但是，无论一个家庭或国家发展速度有多快，发展得有多强大，也不能忘记商纣王骄奢淫逸而亡国的历史教训。

当代消费已成为促进生产发展、资本增值的重要内驱力之一，建立在人的欲望之上的消费主义也随之出现。在吃穿用度上，喜新厌旧、追求名牌、崇尚奢华，不仅耗费财物，还败坏了生活作风。消费主义鼓吹奢侈、否定节俭，这不仅造成了资源的浪费和人类精神的失落，而且造成了人类生存环境的困境与危机。

面对新的时代问题，我们需要重新思考节俭与消费的关系，重新诠释俭德的内涵与价值。习近平总书记指出："要坚持勤俭办一切事业，坚决反对讲排场比阔气，坚决抵制享乐主义和奢靡之风。"[①]"要大力弘扬中华民族勤俭节约的优秀传统，大力宣传节欲光荣、浪费可耻的思想观念，努力使厉行节俭、反对浪费在全社会蔚然成风。"[②]俭德不仅是个体美德，也是重要的理家、治国良方。俭德所造就的道德人格是家庭、社会和国家稳定的强大精神力量。

新时代，俭德的内涵更加丰富，除了传统文化中的节俭、节制、克己、尊让、谦逊等意蕴，还包含响应新时代呼声的保护环境、节约资源、

---

① 中共中央文献研究室，中央党的群众路线教育实践活动领导小组办公室编：《习近平关于党的群众路线教育实践活动论述摘编》，中央文献出版社2014年版，第51页。
② 中共中央文献研究室，中央党的群众路线教育实践活动领导小组办公室编：《习近平关于党的群众路线教育实践活动论述摘编》，中央文献出版社2014年版，第51页。

合理消费等意义。俭德在抑制拜金主义、享乐主义的过度消费，培育良好的消费观，营造优良社会风尚，以及促进社会可持续发展等方面具有重大价值。由此而论，俭德既是中华民族的传统美德，也是全人类的价值取向，是文明得以延续发展的重要道德保障。

课后资料

一、课后思考题

1.请谈谈在现代人际交往中，俭德（自我约束、谦逊有礼）应如何具体践行？它对解决人际冲突有哪些积极意义？

2.从李商隐的诗句"历览前贤国与家，成由勤俭败由奢"出发，联系当今社会现象，分析节俭对于国家发展和个人成长的重要性，并举例说明。

3.以"拙政园"的兴衰为例，探讨欲望与个人命运、家族传承之间的关系。在现代社会，我们应如何合理控制欲望，避免重蹈覆辙？

4.结合《鸿门宴》中刘邦的表现，思考在竞争激烈的现代职场中，谦逊的态度可能会给我们带来哪些机遇和帮助？请分享你所知道的相关案例。

5."俭"有节俭、约俭和谦俭三重意蕴，在日常生活中，我们应如何将这三重意蕴有机结合，形成良好的生活习惯和品德修养？

俭：静以修身，俭以养德

二、拓展阅读

1.曾国藩：《曾国藩家书》，王峰注，延边人民出版社 2010 年版。

2.《韩非子》，高华平，王齐洲，张三夕译注，中华书局 2016 年版。

3.余英时：《论士衡史》，上海文艺出版社 1999 年版。

4.《论语》，杨伯峻，杨逢彬注译，杨柳岸导读，岳麓书社 2018 年版。

微课

练习题

让：礼让成风，和美大同

在安徽桐城，有一条"六尺巷"。这条宽不足六尺，长不足百米的巷子，看上去毫不起眼，却成为桐城的文化标识，引得无数游人观赏。这巷子中，到底藏着什么样的秘密呢？

原来，这条巷子，诞生于名臣之家与百姓之家的地产纠纷。纠纷的一方是清朝名臣张英的家族。张英当时在朝廷为官，康熙帝称其"始终敬慎，有古大臣风"，对他十分器重，张家在桐城自然也十分显赫。据晚清文学家姚永朴在《旧闻随笔》中的记载，张家的祖宅与吴氏邻居家的宅院之间，原有一条窄窄的过道供行人通行。然而，吴氏邻居想要拓宽院墙，便将这条窄道占用了。张家便因这堵新修的墙与吴氏邻居争执起来。因这两家宅地都是祖上的基业，而且时隔久远难以说清，两家对于修墙的宅界互不相让。于是，张家快马加鞭，送了一封加急书信给张英，让张英主持公道。

　　正当两家寸步不让、冲突不断之时，张英修书一封寄给家人，信中只有短短四句话。神奇的是，张家人读了这封短信，不仅不与邻家争执了，还主动将自己原本的院墙拆掉，让出三尺空地供行人通行。吴氏邻居见到张家的这一举动，既感动又惭愧，于是也主动让出三尺空地。

　　信中究竟写了什么，有如此大的魔力呢？原来，张英在信中写道："千里修书只为墙，让他三尺又何妨。长城万里今犹在，不见当年秦始皇。"他用秦始皇修万里长城的故事告诉家人：即使在世时拥有家财万贯、修筑长城万里的秦始皇，至今也早已灰飞烟灭了，留下的只是暴君虐民的名声。墙只是身外之物，让出几寸祖地，便修得一世善缘，赢得邻里赞誉，留得千古芳名，何乐而不为呢？

　　桐城六尺巷的故事，至今仍在当地流传。这条巷子，从此便成了桐城谦让、宽厚的民风的象征。不仅如此，在不同的地域，也流传着不同名臣家族的让地故事。在江苏镇江，流传着张玉书让地的故事；在福州，流传着林瀚让地的故事；在四川，流传着刘秉璋让地的故事。这些让地故事与张英让地如出一辙。从这些故事的异文中，我们无法考证历史的真相，却可以听到老百姓的心声，看到老百姓的价值取向：老百姓希望"让"的品质，能在当地的官员和百姓间发扬光大；希望能以"让"化解纠纷，甚至化敌为友。老百姓凭借着对"让"这一品质的特殊情感，创造了许多"六尺巷"的故事。

　　"六尺巷"的故事，只存在于古代吗？实际上并非如此："六尺巷"的故事，至今仍发生在中国的村落和社区之中。浙江诸暨枫江村和杭州的西苑小区，就演绎着现代版的"六尺巷"故事。

　　众所周知，在中国的乡村治理中，规划村民新建房屋的建筑面积是一个难题。在村落里，谁家房顶高一寸，谁家院墙挤一分，往往会引发家族间的恩怨。然而，在浙江诸暨枫江村，村民们争相退墙让路，寸土必"让"，村落因此实现大变样。

十几年前，枫江村也只是一个普通村落，村民建造房屋时寸土必争，道路仅剩"一条缝"。别说汽车，连行人都难以通行。枫江村党总支书记、村委会主任陈惠飞为了治理乱象，深入村民家中，拆棚、修路、拓宽村巷。为了彻底解决退墙纠纷，陈惠飞在"公得利、民不亏"的原则下，将退墙后的区域用不同颜色的铺装加以区分，退墙的痕迹得以保留，农户的权利得以保障。于是，在他的感召和鼓励下，村民自愿退墙让路，演绎了现代版的"六尺巷"故事。

无独有偶，浙江省杭州市文晖街道流水西苑小区旧房改造工程中，也改造出了一条"六尺巷"。流水西苑小区建于 20 世纪 80 年代，由于建房时没有考虑间距的问题，4 号楼与 6 号楼之间仅留了一条长 30 米、宽 0.8 米左右的窄巷。经过常年的堆积，巷子里又脏又乱，邻里间的矛盾也越积越深。负责小区改造的文晖街道党工委委员林杰忠带领工作人员，深入一家一户，讲和谐理念，讲改造规划。当居民不理解时，他以真情实意和实实在在的行动赢得了群众的信任。渐渐地，居民们也想通了：只有路让宽了，小区才能变得整洁，邻里关系才会更加融洽，住着才能舒心。在旧改工作人员的努力和居民的配合下，两幢楼之间的小巷子拓宽到了 1.8 米，邻里间的积怨也得以化解。

上述的两条六尺巷，其背后不仅蕴含着基层干部执政为民的高尚情怀，也蕴含着人民群众之间的互"让"精神。"让"是中华民族的传统美德，也是现代社会的行为规范。"让"是修身、齐家的重要原则，也是治国、平天下的首要保障。孔子将"让"作为治国的重要方式。孔子有一次评论子路说："为国以礼，其言不让。"原本礼为治国之法，然而子路说话却不谦让，说明让为礼之实。《论语义疏》道："人怀让心，则治国易也。不能以礼让，则下有争心。"只要人人都怀有"让心"，治国理政就会很容易，如果人人都怀有"争心"，不能以礼让治国，国家就会陷入混乱之中。《大学》第十章中进一步把"让"提高到家族兴

让：礼让成风，和美大同

衰、国家兴亡的高度："一家仁，一国兴仁；一家让，一国兴让。"当每一个家庭以让治家，父母、兄弟、亲戚之间互相谦让，国家就会兴起礼让之风。

让不仅是治国之本，也是治家之基。在传统社会中，许多家族在家规家训中规定了"让"的内容，告诫后世子孙时刻谨记。明朝名士罗伦在告诫族人的书中提到："只要认得一'忍'字、一'让'字，便齐得家也。"这一家训中，将"让"作为维系家庭和家族的重要方式。司马光在《居家杂仪》中，也十分强调"让"在家庭蒙养中的重要作用："子……稍有知，则教之以恭敬尊长。有不识尊卑长幼者，则严诃禁之……八岁，出入门户及即席饮食，必后长者，始教之以谦让。"司马光认为，在蒙养阶段，儿童稍微懂事时，就要教会孩子尊重师长。对于不识尊卑的孩子，便要苛责教育，直到他们明白长幼次序为止。八岁之后，儿童出门参加酒席，要教会他们酒席中的先后次序，教他们谦让的道理。

无论是国家还是家族之中，都以制度或家训家规的形式，将"让"深植于心，使其作为修身处世的重要原则，成为人生必修的一课。在谦让、忍让、推让等诸多方面，人们不仅留下许多脍炙人口的名言佳句、家风家训，还有许多为人称道的佳话。

一、溯源探义说"让"

让，始见于战国文字，写作𧭜。秦朝之后，篆书写作𧮰，隶书写作讓，楷书写作讓，现代简体为让。从最初的战国文字到楷书，"让"的字形虽然更加平直化、规范化，但字体结构变化不大，我们可以从早期的字形中探寻"让"字的意涵。

讓　讓　讓　讓　让

楚帛　　小篆　　隶书　　楷书（繁体）　楷书

一般认为，"讓"为形声字，从言，襄声。《说文解字》中说："让，相责让。从言，襄声。"《小尔雅》中认为："诘责以辞谓之让。"也就是说，"讓"字以"言"为义符，表示它是与言语有关的动作；以"襄"为声符，不兼义。其本义是以言辞责备他人。

因而，《史记·项羽本纪》中说："二世使人让章邯。"意思就是秦二世派人责备章邯。这说的就是"让"之本义。这个意涵现在仍然有所保留，如责让的"让"，便是责备之意。

然而，现在我们所说的"让"，更多的是谦让、忍让、推让之意，这些意涵是如何来的呢？

原来，古代汉字除了本义，还有引申义。引申义的出现跟我们认识世界的方式有关。人类认识世界有一个规律，就是根据已知的来认识未知的，根据一个字的本义，派生出其他的意义来。

"让"的本义是"用言辞责备他人"。严厉的责备让人萌生退意，引申出了"退让"之意。为了表示"退让"时的容许、听任心理状态，又引申出"忍让"之意。"让"既然可以表示被动的"退让"，古人们又想到用它来表示主动的让步，"让"又引申为"谦让"。后来，主动让步的意思更为明显，甚至发展为：明明是我的，却不愿意接受。这便是"推让"。

"让"字的引申义如链条般一个接一个地串联起来，滚雪球般越来越大。发展到近代，"忍让""谦让""推让"等含义逐渐发展壮大，甚至已经掩盖了"用言辞责备他人"这一本义。因而，在汉字简化时，"讓"便写作"让"，表示在言语上以别人为上，在言行上礼让尊长之意。

让：礼让成风，和美大同

需要注意的是，传统社会中所推崇的"让"，是一种从心而发的行为。"让"是由内而外的自发行为，而不是表面的客套；"让"是主动包容，而不是被动接受。在这一前提之下，结合"让"字的引申义，我们认为"让"包含了谦让、忍让、推让等不同层次的意涵。

二、谦让

"让"有谦让之意。南朝梁黄门侍郎兼太学博士顾野王在《玉篇》中说，"让"为"谦让也"。明朝梅膺祚在《字汇》中写道："先人后己谓之让。"何为谦让？与人交往时，凡事以他人利益为先，最后才考虑自己；留三分情面给别人，也留七分退路给自己，这便是谦让。正如明朝"东林八君子"高攀龙在《家训》中提出的凡事宽待他人的道理："临事让人一步，自有余地；临财放宽一分，自有余味。"凡事得理便饶人，给别人一些空间，也给自己留条退路；凡是得财就让利一分，让他人得些便宜，也给自己挣到情谊。

其实，从《论语》开始，儒家对谦让这一品德就有所强调。《八佾》第七章中，孔子说："君子无所争，必也射乎！揖让而升，下而饮。其争也君子。"意思是，君子心胸宽广，处处谦让着别人。如果一定要争高下，只能在射礼时，以切磋为目的来进行比试。换句话说，在竞技场所之外，君子是从不与人争的。即使在射箭时，也要遵守作揖后上堂、作揖后下堂、作揖后饮酒等礼仪。这样才能称得上是君子之争。儒家认为，谦让是君子应具有的品格，而古代的君子们也在用自己的行动诠释着这一品格。

（一）序让

　　谦让首先是序让，也就是对先后次序的让。中国传统文化中，强调君臣、长幼、男女皆要有序。《孟子·滕文公上》中就强调说："长幼有序。"不同年龄阶段的人应该遵守长幼之序。

　　秩序观念也体现在生活小事中，如《礼记·乡饮酒义》就规定了敬酒的次序："宾酬主人，主人酬介，介酬众宾，少长以齿，终于沃洗者焉，知其能弟长而无遗矣。"敬酒时需按照宾主的尊卑顺序进行，到了宾客那里，再按照年龄大小依次行礼。宾客先向主人劝酒，主人又向介（陪客）劝酒，介又向众宾客劝酒，按年龄的长幼顺序饮酒，直到侍候宾主盥洗的仆人为止。由此可知，古代乡间饮酒时，年纪长幼、地位尊卑之人都不会遗漏。在敬酒礼仪方面，孔子也说："乡人饮酒，杖者出，斯出矣。"饮完酒之后，让拄着拐杖的长者先走，自己跟在后面。在敬酒之中和敬酒之后的序让，让所有嘉宾都能受到礼遇，并且井然有序。

　　序让，是在先后次序方面，安于人后，不与人争先。传统社会中有许多名人雅士，都表现出序让的良好修养。南朝名臣王泰，小时就懂得食于人后的道理。他的祖母将枣梨散落在床上，众侄孙都前去争抢，唯独王泰不动。祖母问故，他回答道："不取，自当得赐。"意思是，枣栗有很多，就让兄们先吃吧。王家的亲戚由此知道王泰有过人之处。他长大之后，果然成为一代名臣。北宋名臣范仲淹写下《岳阳楼记》，抒发了"先天下之忧而忧，后天下之乐而乐"的人生理想，将"序让"又拔高了一个层次：不仅在物质方面能序让，还能在精神享乐方面忧于人先，乐于人后。

　　序让的道德要求，一直绵延至今。举个简单的例子，汽车的座次应该如何安排，其中就体现了序让的基本要求。根据汽车类型的不同和客人身份的差异，汽车的座次和上车次序应作出不同的安排。如果是大巴车，应该让身份较为尊贵或年纪较长的人先上车，坐在司机后排靠门的位置上。这个位置通常有扶手，而且离门很近，方便上下车；对双排座车来说，应让身份较为尊贵者在众人之后上车。如果是司机驾车，后排右侧最尊，后排左侧次之。如果是主人驾车，则驾驶座右侧为首位，后排右侧次之，左侧再次之；如果有多位客人，前排的客人中途下车了，后排的客人应坐到前排去，以示对主人的尊重。

除了汽车座次，在外聚餐的座次安排，也很有讲究。一般遵循"左向为尊"和"面向大门为尊"①的原则。例如，在家庭聚会中，应该按照年龄大小和辈分高低来安排座次，长辈应坐在面向门的位置，年龄小的晚辈应坐在背对门的位置。然而，这一座次礼仪，由于长辈对晚辈的宠爱，在现代往往不受重视。

总之，汽车、聚餐等日常生活中的座次要求，体现的不仅仅是次序和位置的安排，更是对序让这一品质的传承。如果在出行和就餐时也可以做到以长者、尊者为先，一个人"让"的品质就可以得到很好的展现。

（二）利让

谦让还体现为利让，也就是把大的利益让给别人。孟子在与梁惠王的对话中提出："王何必曰利？亦有仁义而已矣。"如果由王至庶人，都只想获得最大的利益，那么诸侯就会想去取代天子，大夫就会想去杀害诸侯，士就会想去篡夺大夫，那么国家就有危机了。只有适当地把利让出去，建立人与人之间的良好关系，才能上下和谐，井然有序。

利让看上去像是吃了亏，实际上有大智慧。古人让债、让产、让地，让出身外之物，修得一世善缘，赢得邻里赞誉，留下千古芳名。

战国四公子之一的孟尝君，让出百姓拖欠的债务，不仅得到民心，

---

① 王如，杨承清：《中华民俗全鉴（典藏版）》，中国纺织出版社 2022 年版，第 47 页。

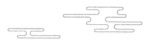

还寻得了安身之地。根据《史记·孟尝君列传》中的记载，孟尝君的门客冯谖，有一次替孟尝君去收债。冯谖到了薛地，发现有人确实无力偿还债务，便假托孟尝君之命，烧掉了穷困人家的债券。孟尝君听闻这件事后，责问原因。冯谖说："有些欠债的人确实无力偿还借款，如果催得急了，难免会逃亡，而您也难免会有好利不爱民之名。我把这些偿还不了的'虚债'烧掉，也给您赢得了亲民而好善的名声啊！"孟尝君听后，拊手称谢。过了一段时间，齐王认为孟尝君功高震主，收回了他的相印。孟尝君只好回到薛地。这时，薛城的老百姓，都扶老携幼，箪食壶浆来迎接他。薛地成为孟尝君的立足之地，帮助他成就了事业。

五代名士张士选让出了自家之产，不仅让家庭和睦，还获得了孝悌之名。张士选从小是孤儿，由叔父抚养长大，叔父对士选"恩养如子"。当时，士选的祖父留下很多家产，叔父便将家产分为两份，张士选代表父亲得一份，叔父得一份。张士选却坚持将这份家产分为八份，这是什么缘故呢？原来，叔父一共有七个儿子，加上士选一共八个孩子，于是士选认为家产应当分作八份，他和叔叔的儿子每人平均一份。叔叔"固辞"，但是士选"固请"，叔叔极力主张家产分作两份，张士选却更加坚持。叔叔十分感动，最后听从了张士选的请求。后来，张士选被推荐进京赴考，有术士相面，说张士选满面阴德之气，后来他果然高中，金榜题名。

我们可以看出，中国人非常重视谦让这一品德。正如金兰生在《格言联璧》中说："不与居积人争富，不与进取人争贵，不与矜饰人争名，不与少年人争英俊，不与盛气人争是非。"不和富人争富裕，不与有心进取的人争富贵，不和重视外表的人争名声，不和年轻的人争外貌，不和脾气大的人争是非。在生活中做到这五不争，与别人的交往中做到有礼有节，就能为自己留出退路。

让：礼让成风，和美大同

三、忍让

"让"还有"忍让"之意。常言道，忍一时风平浪静，退一步海阔天空。如果谦让是日常生活中对次序先后、利益大小的谦虚礼让，那忍让则更多是遭受语言的挑衅、不公平待遇和行为的屈辱时，表现出的隐忍和退让。但忍让并非被迫地让，而是主动地让。忍字从心，止心为忍。忍让是面对逆境时，选择平和心态；是面对语言的挑衅时，主动礼让他人；是面对他人行为的攻击时，甘心忍受屈辱。

先秦时期，忍让就已经成为一种道德品质，备受肯定和宣扬。《尚书·君陈》中说："必有忍，其乃有济；有容，德乃大。"也就是说，能够忍让，才最终有成；能够包容，才显得德行广大。而忍让、包容的是什么呢？孔安国注云："欲其忍耻藏垢。"要忍让的是耻辱，要包容的是污垢。有这种包容忍让的精神气度，才能在乱世、逆境中生存，超然于物外。只有学会了忍让，才能在这红尘中修炼自身。诚如《孟子·告子下》云"所以动心忍性，曾益其所不能"，当天将降大任于斯人时，一定会劳其筋骨，饿其体肤，让他在忍让中磨砺心性，使他性情坚忍，从而让他得到以前不具备的能力。

（一）忍让语言的挑衅

面对语言上的挑衅，古人往往以忍让为上策。汉高祖刘邦欣然接受陆生的批评，建立了强大的汉朝。根据《史记·郦生陆贾列传》记载，陆生乃一介儒生，多次在刘邦面前强调儒术治国的重要性，刘邦开始很不耐烦，发火道："乃公居马上而得之，安事《诗》《书》！"江山是在马上杀敌夺来的，哪里需要什么儒家典籍呢？但是陆生也毫不退让，反驳道："居马上得之，宁可以马上治之乎？"打天下可以不用儒家经典，难道治理天下也不需要吗？刘邦一下子被骂醒了，马上向陆生虚心求教，这才走上以儒治国的正道。

　　毕竟良药苦口利于病，忠言逆耳利于行。对于他人的批评和建议，应当忍耐，那么对于他人的无故刁难，又当如何自处呢？根据《资治通鉴》记载，武则天时期的名臣娄师德，面对他人的辱骂，却依然笑面相迎。娄师德与宰相李昭德同朝为官，李昭德锋芒毕露，说话毫不客气。有一次，娄师德因为身材肥胖，行路缓慢，挡在了李昭德前面。李昭德便恨恨地骂道："田舍夫（乡巴佬）！"换作有脾气的人，肯定会气得够呛，但是娄师德不但不生气，反而笑容可掬地问道："师德不为田舍夫，谁当为之？"我不是乡巴佬，还有谁是乡巴佬呢？常言道，伸手不打笑面人。李昭德与娄师德之间的嫌隙得以化解。最终，李昭德因为性格耿直而被酷吏陷害，而娄师德却得以善终，被唐德宗封为宰臣之上等。不得不说，这一结局也是二人的性格使然。

（二）忍让不公的待遇

　　当面对世间的种种不公时，应该如何自处？民间百姓心中自有答案，那就是：忍！在民间传说中，玉帝有一个别名，叫"张百忍"。传说他成仙之前，性情柔和，凡事都能忍。他看到一群叫花子，便叫他们进屋，好吃好喝伺候，叫花子摔酒壶掀桌子，张百忍也没有一句怨言。到了一百天，叫花子现了原形，原来他们都是神仙变的。原来神仙最难管，需要一个凡事都能忍的人来管理他们。神仙们见张百忍凡事都能忍，都一致同意让他上天理事。于是，张百忍便从一个凡人一跃而成为天上的玉帝。传说虽然是虚构的，但是从中我们可以看到民间百姓对"忍"字的推崇。就像张百忍一样，忍得世间的百般不公，才能成为人上之人。

　　面对这世间的种种不公，古代的名人志士又如何自处呢？其实，面对身边人的冒犯和误解，许多名士都选择了忍让。晋朝名臣朱冲，小时生活穷苦，一边读书，一边耕牛度日。有一次，邻居丢失了一只牛，他将朱冲家的牛认成自家的,把它牵回了家。朱冲任由邻居牵走,不作辩解。后来,邻居在树林中找到了小牛,十分惭愧,赶紧将牵走的牛还给朱冲,朱冲不但不肯接受,反而欣然将牛相送。还有一次,一只牛冲进朱冲家的稻田践踏稻子,朱冲非但不驱赶,反而拾草喂牛。牛的主人惭愧不已,再也不放纵自家的牛为害了。朱冲以面对误解的坦然和宽厚,感化了当地的悍民,形成了"路不拾遗,村无凶人,毒虫猛兽皆不为害"的纯良民风。

除文人士大夫之外,古代的商贾人家也非常注重忍让这一品行。商贾之家,往往都会在家庭教育中强调:做生意,先要学会做人。与家人、顾客、同行之间相处,要谦让隐忍;对人要和颜悦色,对长辈要尊敬,不可欺凌幼小。这样才能和气生财。清朝杭州盐商周世道曾经教育孩子说:"处世事以和平为先。""和平",不仅是心态的平和,也是与他人之间关系的和谐。徽商也非常重视忍让这一品行,他们往往在居室中挂置楹联来警醒自己,比如"世事让三分天宽地阔,心田存一点子种孙耕""忍一时风平浪静,退一步海阔天空"。如此提醒自己,与家人、生意伙伴之间,要以忍让谦和为上,生意才能红红火火。专讲商德准则的蒙训读物《营生集》也告诫为商之人"礼义相待,交易日旺",如果"暴以待人,祸患难免"。所以经商必须去除暴躁脾气,即使碰到顾客无端责骂,也要心平气和、和气生财,切忌与顾客争高下,辩曲直。

(三)忍让行动的屈辱

面对行动上的屈辱,古人也相信:宝剑锋从磨砺出,梅花香自苦寒来。西汉三杰中的韩信,是极能忍辱负重之人。韩信成名之前家境贫寒,淮阴市中有一个年少屠夫羞辱他说:"你小子虽然长得高大,又喜欢带着刀剑,实际上是个胆小鬼。你要是真是个不怕死的,就一刀刺死我;如果你怕死,就从我胯下钻出去!"韩信明明可以一剑刺死无赖,但是

他不想因小失大，便从胯下钻了过去。周围人都笑韩信胆小无能，但韩信并不在意，投身军中，最终成就一番功业。韩信成名之后，回到淮阴市中。他不但没有惩处当年羞辱他的人，反而封了他一个中尉，并告诫身边的将相："这是位壮士！当年他羞辱我，难道我不能杀他吗？只是杀他没有名义，所以一直忍辱，才让我达到今天的成就啊！"

除此之外，唐朝名臣郭子仪，也是极能隐忍之人，郭子仪为唐代宗屡立奇功，却遭到了太监鱼朝恩的妒忌。鱼朝恩权倾朝野，连当朝皇帝都忌惮他三分。在郭子仪带兵外出征战时，鱼朝恩竟然带人挖了郭子仪父亲的墓穴。当郭子仪得胜回朝时，唐代宗小心翼翼地跟他说起这件事，没想到郭子仪却伏地大哭，说："臣在外带兵打仗时，没有阻止我的士兵挖人坟墓，现在有他人挖自家的墓，这是天谴，不是人患啊！"这句话将鱼朝恩的掘墓之仇由"人患"变为"天谴"，将家族恩怨退位于为国尽忠。于是，朝廷中避免了一场腥风血雨，郭子仪也更得唐代宗的信任。

古人即使处在困境之中，也能伸能屈，将一时的忍让作为成长经历中的宝贵财富。正如曹魏将领王昶诫子时说："屈以为伸，让以为得，弱以为强，鲜不遂矣。"在遇到强敌和难关时，能伸能屈，以让为得，事情才能逐渐顺遂。范立本在《明心宝鉴》中说："忍是心之宝，不忍身之殃。舌柔常在口，齿折只为刚。思量这忍字，好个快活方。片时不能忍，烦恼日月长。"忍耐是极好的处事之法，看似柔弱的忍耐，实际上却比刚强要更合宜。忍一时可风平浪静，而一时不忍，烦恼便可和日月一般长。《菜根谭》中也说："登山耐险路，踏雪耐危桥。"其中，忍耐的"耐"字很有意味。遇到坎坷的世道，人情冷峻之时，必须"耐受"这些坎坷，不致落入深渊。面对不快之事、流言蜚语、嫉妒讽刺的时候，选择忍让，可以从容面对生活中的挫折和伤痛，坚定地朝着自己的方向前进。

让：礼让成风，和美大同

现代日本作家渡边淳一发明了一个流行词，叫作"钝感力"。钝感力不仅体现在精神方面，也体现在身体方面。拥有钝感力的人，面对不快之事、流言蜚语、嫉妒讽刺的时候，可以选择忍让，从容面对生活中的挫折和伤痛，坚定地朝着自己的目标和方向前进。而在他们面对表扬和夸赞的时候，依然可以不骄不躁，不会得意忘形。因而，他们不会因为小事郁郁寡欢，也不会因为身体的伤痛而败下阵来，而是以更加从容、积极的态度面对生活。于是，他们可以拥有更好的人际关系、更加持久的事业、更优质的爱人、更丰盛的金钱，甚至更强健的身体。渡边淳一总结说，钝感力是"我们赢得美好生活的手段和智慧"①。这与中国古人所说的忍让有异曲同工之妙。

四、推让

除了"谦让""忍让"，"让"还有"推让"之意。《礼记·曲礼上》说："是以君子恭敬、撙节、退让以明礼。"唐朝孔颖达疏曰："应进而迁曰退，应受而推曰让。"推却本来可以得到的东西，辞让本来属于自己的地位，把理应给自己的荣誉给别人，都可以称之为推让。推让是儒家非常赞赏的行为。有一次，颜回、子路和孔子三人说到自己的志向，颜回说，自己愿意"无伐善，无施劳"，不希望张扬他所做的好事，也不会夸大自己的功劳。这是一种"无我"的境界，不在意别人会不会了解，只要确定这件事是对的，就去做，做好了也愿意把荣誉、地位让给别人。

---

① 渡边淳一：《钝感力》，李迎跃译，上海人民出版社 2007 年版，第 1 页。

（一）辞让

推让首先是辞让，是别人给予地位、名誉时推辞不受。商王朝的第二十四位国君祖甲，就曾经辞让了本该属于自己的帝位。祖甲的父亲让他代兄为王，他担心这样不合道义，于是偷偷离开了皇宫，到民间与平民一起从事劳役。哥哥祖庚继承了王位。祖庚去世之后，大臣们迎接祖甲回来，让他兄终弟及继承了王位。祖甲因为长期与民众一起生活，了解民间疾苦，能施惠于民。周公在分析商朝成败时，曾赞许祖甲"不敢荒宁"，"能保惠于庶民，不敢侮鳏寡"，说他不敢荒淫，且对民众多有保护。

西汉的张良，也是淡泊名利之人。据《史记·留侯世家》记载，在西汉开国功臣封赏大会上，汉高祖刘邦令张良自择齐国三万户为食邑，张良辞让，他对刘邦说："以三寸之舌而成为王者之师，封为万户，位列侯位，这是布衣能达到的最高成就了！我已经满足了。"他谦请封始与刘邦相遇的留地，不再参与朝政，而像赤松子一样四处云游。刘邦同意了，故称张良为留侯，只保留了爵位，却没有在汉帝国担任官职。张良因此功成身退，成为归隐之士的典范。后代戏文中也常常赞许张良归隐之明智。例如，白朴在《中吕·阳春曲》中写道："张良辞汉全身计，范蠡归湖远害机。"将张良与范蠡并列，称许二人退隐之功。

（二）贤让

推让，还表现为贤让，将本该属于自己的地位、财物赠予或分予他人。尧舜让贤的故事家喻户晓。尧帝没有让位给自己的儿子朱丹，而让位给贤能的虞舜，且将自己的女儿娥皇、女英嫁给他。舜帝也仿照尧帝，将王位让给了治水有功的禹。三代时的禅让，形成了任人唯贤的社会风气。

除了对地位的贤让，还有对名誉的贤让。汉明帝时期的马皇后也是这样一位贤让之人。她虽然集万千宠爱于一身，却从不为自己的亲戚求取高官厚禄，因而她的兄弟在明帝时都没有晋升。明帝之子章帝即位之后，欲加封诸舅，马太后仍不同意。当时正逢大旱，公卿又上书皇上，认为这场天灾是没有加封外戚的缘故。马太后却不领情，认为这些公卿"皆欲媚朕以要福耳"。在马皇后劝诫之下，马氏兄弟皆忠诚、畏慎，每每辞让赏赐，朝廷上下都称誉有加。

（三）隐让

推让，还可以是隐让。德高望重之人辞去地位之后，往往会选择隐居，不给上位之人造成困扰。周朝吴国人季札，是吴王寿梦四子，寿梦认为季札虽然年少，但有德行、有才干，希望传位给他。季札的哥哥也认为以季札的才干，足以继承王位。但季札坚持不受。他向哥哥诸樊表明心迹，说自己希望坚守君臣应有的忠义，不愿意与长兄争抢王位。然而，季札的礼让感动了吴国人，吴国人希望季札继承王位。季札别无他法，只有"弃其室而耕"，躬耕于山水之间，这才让吴国人打消了念头。后来，季札的兄长诸樊去世，希望把王位传给弟弟，以完成先王寿梦的心愿。但季札仍然避让不受，离国隐居。

正如老子《道德经》中所说："夫唯不争，故天下莫能与之争。"具备了不争之德，主动放弃了原本属于自己的名誉、地位，反而会被天下人所敬重，在青史中留名。又如《格言联璧》中所说："聪明睿知，守之以愚。功被天下，守之以让。勇力振世，守之以怯。富有四海，守之以谦。"越是到了功劳盖世、威震天下、财富过人的时候，越是要懂得适时推让，保持一颗平常心。

五、结语：退一步海阔天空

从中国的传统社会到现代社会，互"让"之风源远流长。百岁老人杨绛先生就具备忍让的品德，在《一百岁感言》中，她说："在这物欲横流的人世间，人生一世实在是够苦的。"[①]这也是她人生的写照。1938 年秋，钱锺书留学回国，被母校清华大学聘为教授，前往位于昆明的西南联大。当时时局混乱，杨绛只能带着女儿迁居到上海钱家逼仄的家中，跟钱家上下挤在一处。为了跟妯娌姑婆更好地相处，杨绛便舍弃了看书的爱好，甘愿做"灶下婢"，承担家务，敬老抚幼，诸事忍让。钱锺书和女儿圆圆的衣服是她做，家里的菜是她买，饭是她做，全家人的衣服也是她洗。杨绛先生的娘家富裕，她从小十指不沾阳春水，做这些家务时往往不够熟练：烧灶时常被烟煤熏成花脸，做饭时被滚油烫出泡来，切菜时切破手指头，但她都毫无怨言。后来，上海被日军占领，杨绛先生的单位被迫停办，钱锺书刚回上海，一时也找不到工作。杨绛先生便开始为阔小姐补习功课，又找了一个离家很远的小学代课，还挤出时间写剧本赚钱谋生，总算养活了一大家子。杨绛先生因为忍让，成为钱锺书先生心目中"最贤的妻"。

当今社会，像杨绛先生所具备的这种忍让之德愈发稀缺。与之相反，自我意识和竞争关系被过多地强调。在一座座城市的钢铁丛林中，有些人奉行的是弱肉强食的丛林法则。他们在说话时争长论短，在做事时争名夺利，在论功时争风吃醋。在这诸多的纷争中，人们之间的情感变得冷淡，人们生存的环境变得冷漠，人们的内心变得寒凉。如果凡事只强调"我"得了多少好处，人人互不相让，城市就会只有效率而没有温情，

让：礼让成风，和美大同

---

① 杨绛：《走到人生边上——自问自答（增订本）》，商务印书馆 2016 年版，第 92 页。

只有繁忙而没有心安。

现在，是时候重新传承"让"这一传统美德了。道路拥挤时，让老弱先行；公交车上，为孕妇让座；车辆过马路时，让行人先走；看病就诊时，让急重症先治……每一个看似微小的行为，都像是一颗颗种子，总有一天会长成参天大树，让后人乘凉！

课后资料

一、课后思考题

1. 根据《解构家风密码》，"让"的内涵包含哪三个层次？并简要说明各自的含义。

2. 请解释"让"字的起源，掌握其在《说文解字》中的解释，并分析其在儒家文化中的地位。

3. "六尺巷"的故事体现了"让"的哪个层次？请根据该故事说明家风对家族的重要性。

4. 除书中案例之外，是否有历史典故体现"推让"？请举一例说明。

5. 在现代社会，"让"的意义是否有所变化？请结合书中观点谈谈你的看法。

二、拓展阅读

1.《论语》，杨伯峻，杨逢彬注译，杨柳岸导读，岳麓书社2018年版。

2.《周礼·仪礼·礼记》，陈戌国点校，岳麓书社2006年版。

3.《孟子》，杨伯峻，杨逢彬导读注译，岳麓书社2021年版。

4.山阴金编：《格言联璧》，金缨校注，湖北人民出版社1994年版。

5.张玲，康风琴编：《名贤集·营生集》，新疆人民出版社2003年版。

6.范立本：《明心宝鉴》，东方出版社编辑部译，东方出版社2014年版。

微课

练习题

让：礼让成风，和美大同

慎：敬始慎终，行稳致远

"先帝知臣谨慎，故临崩寄臣以大事也。"在《出师表》中，诸葛亮这样自陈，"谨慎"是他自许的，也是出了名的。从初出茅庐到执掌大权，无论言行处世，行军作战，治家治国，一切都以谨慎为上。诸葛亮隐居南阳时，仔细挑选真正能成就他的明主，27岁才受刘备"三顾茅庐"之请而出仕。他为蜀汉鞠躬尽瘁，南征北战，立下赫赫功劳。他管教后辈严格，不给家人特殊待遇，曾让儿子随军当运粮官。去世前给儿子的《诫子书》里殷切嘱托，教导他"静以修身，俭以养德"，死后也只有十几亩薄田的家产留给子孙。"诸葛一生唯谨慎"，这句话算得上贴切了。世人推崇孔明，除了他的智慧，也因为他身上所体现的理想人格。

慎作为一种道德意涵，经历了从庙堂到民间的变化。君主要"战战兢兢，如临深渊，如履薄冰"，谨顺天命、敬德保民。春秋战国之后，慎逐渐成为人们共同追求的道德修养。慎与其他道德观念一起塑造了中

国人的精神和国民性格：仁爱敬重、守礼谨慎、坚忍节制。

古往今来，"慎"作为一种品德和行为方式，备受推崇。"慎"字在古代经典中频繁出现。《诗经》中出现 14 次，《尚书》35 次，《周易》10 次，《左传》49 次，"三礼"中更是有 54 次。[①]单这一个字，就可以洋洋洒洒书写一部文化史了。

《论语》已有记载，"子之所慎，齐（斋）战疾"，就是说孔子小心谨慎对待的事包括斋戒、战争和疾病。历代家训、警世格言都把"慎"当作为人处世的一种要诀。《格言联璧》说："敬为千圣授受真源，慎乃百年提撕紧钥。""何谓大人？曰小心。"谨慎方能驶得万年船。清朝诗人王士祯家训曰"清、慎、勤"三字。曾国藩在家训中说，"知畏慎，以进德"，"思于'畏慎'二字之中养出一种刚气来"。

一、溯源探义说"慎"

杏　慎　慎　慎

金文　　小篆　　隶书　　楷书

"慎"字始见于金文，在许慎《说文解字》里的古文字形为杏。这样的字形有什么构造依据呢？有人说从"火"从"日"，合在一起是会意字，这样的组合有点费解。又有人这样解读：上面是中（草），中间

----

① 郝玉明：《慎德研究——以儒家传统为中心》，中国社会科学出版社 2015 年版，第 15 页。

慎：敬始慎终，行稳致远

是火，下面是日，表示烈日和火很容易让草烧起来，因而要十分谨慎。^①这一解释倒说得通，粮草作物在古代农耕社会是头等大事，必须得谨慎保护。

比金文更早的甲骨文中，也可以找到根源。有学者说"金文'昚'字是甲骨文'尞'字的省讹"^②。"尞"的甲骨文字形，就像木柴架着燃烧的样子。罗振玉说"木旁诸点像火焰上腾之状"^③，即""两边的小点可能表示燃烧的火焰。这个字在甲骨文中频繁出现，大同小异，都是柴火堆的样子，说明是常用字，不只是简单的烧柴，还与殷商时期非常重视的祭祀有关。有学者认为："祭天曰燔柴，……在焚柴之外，加牲体牲肉于上焚化。"^④祭品摆放在木堆上一起焚烧，烟气上升，给天上的神灵享用。所以"尞"就是上古的祭祀仪式，《说文解字》说："尞，柴祭天也。从火从昚。昚，古文慎字。祭天所以慎也。"为什么"尞"与火、慎直接相关？因为祭天这件事最是慎重啊！

综合来看，慎的古字形"昚"一种含义表示在危急情况时要小心，另一种含义是烧柴祭祀的仪式中所表现出的对天地神灵的重视和敬畏。

到了小篆，慎的字形已经与现在字形近似，"心"旁表示与心有关，有学者说"真"是"珍"的最初写法，表明珍重、珍爱之意。改变后的"慎"字形并没有否定古字形"昚"的意义，只是更加强调心理因素。慎既是心理活动，也是行为准则，也就是说，因为心理上的敬畏、重视，引出行为中的小心、谨慎。

"慎"的本义就是小心谨慎，《说文解字》载："慎，谨也。从心，

① 熊国英：《图释古汉字》，齐鲁书社 2006 年版，第 101 页。
② 谷衍奎：《汉字源流字典》，语文出版社 2008 年版，第 1661 页。
③ 于省吾：《甲骨文字诂林》，中华书局 1996 年版，第 1466 页。
④ 周清泉：《文字考古》，四川人民出版社 2003 年版，第 297 页。

真声。"《说文解字注》载："未有不诚而能谨者。故其字从真。"段玉裁在《说文解字注》"真"字释文中说："慎字今训谨，古则训诚。……敬者，慎之第二义，诚者慎之第一义。"

"慎"与"诚"天然相关，《大学》说："所谓诚其意者，毋自欺也，如恶恶臭，如好好色，此之谓自谦，故君子必慎其独也！"与"自欺"相对，诚就是内心真诚不造作，像"恶恶臭、好好色"的本能一样，坦诚老实，反对小人的掩饰。

"慎"又表示警惕、告诫，相当于"千万""务必"，常和"勿、毋、莫"一起用，如"多谢后世人，戒之慎勿忘！"

另外，"慎"还有"顺、静"之义。吉凶祸福源于我们的思想与行为，对尊者的依顺、对天道规律的遵循，以及对自我的约束，就是表示恭敬和重视的直接方式。静即心不妄动，不受外物所扰，保持内心的安宁淡然，努力做到自我约束，保持理智的状态。

慎是修德的路径和方式，它类似"全德"，是底层和基础。儒家文化的体系中，慎是实现仁的方法，仁若是核心和最高道德标准，慎就是成就仁的内在要求。

从意义来看，慎有慎初、慎独、慎为等三个层次的道德内涵。第一是慎初，在为人、处事之时，迈好第一步，才能走得稳走得好。其中影响很大的包括环境的熏染、朋友的影响、由小而大的积累，因此要慎染、慎友、慎微。第二是慎独，不管环境、身边众人是怎样，自己做到内心真正的"诚意"，人前人后一个样。慎独要克制自己的欲望，就要慎权、慎利，身在顺境更易自满，要慎顺。第三是慎为，修德律己，须谨慎所为，在无为与有为之间把握好分寸，不可好为人师，轻易妄为。

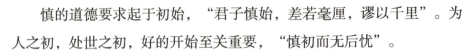

二、慎初

慎的道德要求起于初始，"君子慎始，差若毫厘，谬以千里"。为人之初，处世之初，好的开始至关重要，"慎初而无后忧"。

明朝的张瀚考中进士后有了官职，入职时他去拜见都察院左都御史王廷相。王廷相跟他讲了一件事，昨天乘轿子进城时，雨天泥泞，一位轿夫穿了一双新鞋子，开始的时候小心翼翼，找干净地方走，后来还是不小心踩进了泥坑里，自此后也就不再顾惜了。王廷相由此发出感慨："居身之道，亦犹是耳。倘一失足，将无所不至矣。"这则小故事意在说明，一旦偶有失足，后面也就没有顾忌了，一切都从这"第一脚"开始。

（一）慎染

慎初首先要慎染，"习俗积渐曰染"，环境的熏染会影响人的品性，不可忽视。

《墨子·所染》记载，墨子见到有人染丝，丝放进青色染缸就变成了青色，放进黄色染缸就染成了黄色。染料变了，丝的颜色也就跟着变了。因此墨子感慨道："染丝这件事不可不小心谨慎啊！"人性就像是素白的丝，受到后天染料的影响，有什么样的环境和教育就会造就什么样的人。

《孔子家语》说："与善人居，如入芝兰之室，久而不闻其香，即与之化矣。与不善人居，如入鲍鱼之肆，久而不闻其臭，亦与之化矣。丹之所藏者赤，漆之所藏者黑，是以君子必慎其所处者焉。"

《荀子·劝学》说："蓬生麻中，不扶而直；白沙在涅，与之俱黑。兰槐之根是为芷，其渐之滫，君子不近，庶人不服。其质非不美也，所渐者然也。故君子居必择乡，游必就士，所以防邪辟而近中正也。"飞蓬长在麻中，用不着扶就能挺直生长；白沙落在乌黑的泥土中，就跟泥

一样染黑了。近朱者赤，近墨者黑，荀子强调"君子居必择乡，游必就士"，就是要选择良好环境，接近有才德的人。我们的传统教育历来重视环境的重要，在良好的环境中学习成长，行为习惯会趋于良善。我们看到的一些状元街、学霸村，皆因当地崇文向上的好家风、好乡风，在文气熏染下人才辈出。

清朝申涵光在《荆园小语》中指出环境的影响："进了祭祀的祠堂还行为放肆，到了酒鬼赌徒群里还举止庄重，是没有这样的人的。"所以出入的场所尤其需要约束，有些可能对环境造成不良影响的人也要远离，丢失财物还算是小事，受到引诱行为不端就是大事了。

孟母为择邻而三次搬家，就是为了给孩子寻找良好的生活环境。同样的，东晋名将陶侃出身寒门，母亲湛氏为了培养儿子成材，很早送他去读书，并教育陶侃不要与有钱人家的纨绔子弟交往，要结交才德出众之人。陶侃初涉官场时，母亲交给他一抔黄土、一只土碗和一块白布，意在不忘根本。他恭谨自律，勤俭为公，深受爱戴，成为给东晋中兴立下汗马功劳的名将。

张衡少年时离开家乡南阳来到洛阳，游历多年，师从学者贾逵，进入最高学府太学，结识了马融、崔瑗等很多有学问的朋友。当时文化繁荣的东都西都汇集了各种学派的学者士子，张衡身处其中，如饥似渴地求知问学，萌发了积极入世、报效国家的志向。张衡受到身边学术环境和友人的正面影响，潜心研究天文学、地理学，发明了地动仪，被誉为"一代科圣"。

慎染是一种人生的智慧，涵养正气，抵制歪风邪气。智者为自己选择、营造良好的环境，凭借好风助力自我成长，青云直上。

（二）慎友

朋友是五伦之一，交友是人生中的要紧事。《论语》里记载，子贡问如何才能达到仁，孔子回答："工欲善其事，必先利其器。居是邦也，事其大夫之贤者，友其士之仁者。"这个"器"就是环境和朋友，和道德高尚之人交友，就是达到仁的捷径。所以孔子告诫弟子们，"无友不如己者"，不和道德上不如自己的人交朋友。《弟子规》里说"泛爱众，而亲仁"，以仁爱之心对众人，但要亲近有仁德的人。物以类聚人以群分，所以人们常说看一个人的品性，看他交的朋友是什么样的人就知道了。

修德立身的关键在于择友。《格言联璧》说："积德者不倾，择交者不败。"曾国藩在给弟弟的信中说："一生之成败，皆关乎朋友之贤否，不可不慎也。"

朋友的影响是长期的、潜移默化的，品性善良、以诚待人的朋友值得深交。唐朝大诗人韩愈有一首诗《早春呈水部张十八员外》，张十八就是他的朋友张籍。韩愈在汴州任职时，工作清闲，于是跟着一群新朋友学会了博塞（一种类似赌钱的游戏），还越玩越沉迷。张籍知晓后，写了一封信不客气地劝诫他："先王存六艺自有常矣，有德者不为益以为损，况为博塞之戏与人竞财乎？君子固不为也。今执事为之，以废弃时日，窃实不识其然！"他耿直地说博塞是不良陋习，非君子所为。韩愈读了好友诤言后，惭愧不已，虚心地接受批评，戒掉了赌瘾，从此把张籍当作值得交往一辈子的朋友。

苏轼生性旷达，朋友遍布天下，他曾说："吾上可陪玉皇大帝，下可陪田院乞儿，眼前见天下无一个不好人。"苏轼不但广交朋友，也很会识人，据说有次他和谢景温在郊外小路上同行，恰好从树上掉下来一只受伤的小鸟，苏轼刚准备去接住，谢景温却已经一脚把小鸟踢开。如此轻贱一个小生命，苏轼惊讶之余，也判断出谢景温不是纯良之人，不可深交，此后逐渐与他少了往来。后来谢景温为了一己私利数次诬陷他人，苏轼也险遭迫害。身边若有这样的小人为友，有百害而无一利。

慎友是领导干部的必修课，当代的很多领导干部在初出茅庐的青年

时期克己奉公，家风醇正。但随着时间推移，少数人不注意净化社交圈、朋友圈，将政商关系变成家庭谋利的"资源"，导致不分是非善恶、公私义利，步入深渊。

（三）慎微

慎微，就是在细微之处也谨慎对待。风起于青萍之末，初始的往往微小，看似不引人注意，若没有防微杜渐的意识，可能滚雪球似的越来越大。

古今中外凡有作为者，无不从慎微开始，因慎微而成功。战国时期魏国的大臣白圭有杰出的治洪才能，成功解除了都城的水患。他巡查堤防时非常仔细，就连发现一个蚂蚁洞也要马上命人填补，因为他知道"千里之堤溃于蚁穴"，小处不慎可能会酿成大祸。

古人云："道自微生，祸自微成。"不要慎大而忽小。周幽王点燃烽火戏弄了诸侯，以为是个玩笑般的小事，结果因此失了国家。慎微是修身之致，在细微处也要严于律己，《汉书》说："尽小者大，慎微者著。"

沙可夫，浙江海宁人，中国无产阶级艺术教育的开拓者，大众文艺运动的创始人和领导者之一。他在工作中平易近人，温文尔雅，做人也非常谦虚谨慎，从不夸耀自己做过什么，或是比别人懂得多，也从不搞特殊化待遇。作为当时的高级干部，按例配有一匹骏马，但他很少骑马，行军跋涉的途中，他也总是用骏马来驮运货物，自己则和大部队一起步行。沙可夫曾经在敌人牢狱中遭受折磨，身体留下了病根。有一次他因工作劳累病倒了，有位女同志给他送来营养品——一篮鸡蛋，说是组织安排，让他补补身体。沙可夫几次推辞，坚持不收，女同志劝他："你是病人，需要吃点有营养的，这是徐老的决定。"原来这鸡蛋是苏区政府给徐特立老先生的"老人补贴"，徐老特意托人带来给沙可夫养病补身体。沙可夫听了之后收下了，但一个都没吃，几天后，又请人送还给了徐老，作为他提早给徐老的生日礼物。沙可夫慎微律己，德艺双馨，在文艺界有很高的威望，被毛主席誉为"延安的高尔基"。

高德荣，曾任云南省怒江傈僳族自治州人大常委会副主任、贡山县县长。在生活和工作中，坚持"不给别人一点送礼的由头，不让自己有半点腐败的念头"。有一年，儿子高黎明和未婚妻在昆明拍婚纱照，正好得知高德荣也在昆明出差开会，于是，他抱着试试的想法给驾驶员打电话询问，驾驶员说公车上还有空位，提出返回时可以把他们顺路捎回去。高德荣得知儿子在昆明，却并不打算捎他们，反而叮嘱驾驶员："给他打电话，就说车上没空位，让他们自己坐车回家。""可是明明还有空位……"驾驶员的话被高德荣打断："我们是开公车出公差，我的家人决不允许坐！"驾驶员后来感慨道："有时候遇上群众要回乡，老县长就让上车捎回去，偏偏到自己儿子这就不行了。"在别人看来这样的小事，高德荣却坚定自己的原则，绝不松开口子。

三、慎独

慎独是儒家的重要道德观念，《大学》《中庸》里，马王堆帛书和郭店楚简里都大讲"君子必慎其独"。梁漱溟说："儒家之学只是一个慎独。"何谓慎独？慎独，就是人在不被他人所察的独处的时候，尤其要谨慎行事，是表里如一的道德要求。郑玄注《礼记·中庸》说："慎独者，慎其闲居之所为。"人在闲居之时，很容易失去约束，因惰性而松懈，所以说要慎闲居之所为，闲居可以养志。

春秋末年的卫国大夫蘧伯玉，夜里乘车路过君上的宫门时，虽然没有旁人看见，也按照礼制下车走路，"不为冥冥堕行"。曾国藩极为重

视修身，他写下的处世经验"日课四条"，第一条就是慎独："自修之道，莫难于养心；养心之难，又在慎独。能慎独，则内省不疚，可以对天地质鬼神，人无一内愧之事，则天君泰然。"

不受外界干扰，坚守自己的本心，这是真正的"君子慎独"。慎独首先要谨慎克制自己的欲望，如权力、利益；身在安逸的顺境时，不自满自得，保持清醒警惕。

习近平总书记曾谈道："我们着眼于以优良党风带动民风社风，发挥优秀党员、干部、道德模范的作用，把家风建设作为领导干部作风建设重要内容。"[①] 广大党员干部要自觉做到修身律己、廉洁齐家，带动社会风气向上向善。认识上要清醒，明白自己手握的权力是党和人民所赋予的，只能用来为人民谋利益，决不可有任何形式的以权谋私。

（一）慎权

慎不仅是立足于人伦社会的必要德行，对于君主、官员来说，更要谨慎使用手中所握职权。

权力是把双刃剑，可以为官一任造福一方，手握权柄也可能让某些人飘飘然迷失自己，滋生贪腐。东汉大儒杨震"四知却金"的故事流传至今。永初六年（112）他调任东莱太守，在赴任的路上路过昌邑县，县令正是他之前在荆州刺史任上举荐过的贤才王密。王密感念杨震的知遇提携之恩，一直想找机会表达谢意，于是专程来杨震住处拜访。两人促膝长谈聊到深夜，王密一边告辞，一边取出黄金相赠。杨震立马拒绝，说："作为老友，我是知道你的，你却不了解我呀！"王密情急之下说："现在夜半三更了，没人会知道的。"杨震笑道："天知，神知，我知，

---

① 中共中央党史和文献研究院编：《习近平关于注重家庭家教家风建设论述摘编》，中央文献出版社 2021 年版，第 34 页。

你知，怎么说没人知道呢？"王密哑然，羞愧地带着金子回去了。这个故事教育人们慎独慎权，现在山东莱州还保留着后人建造的"四知苑"，用以纪念、颂扬杨震的德行。

谢高华，曾任第八届全国人大代表，浙江省义乌县委书记、衢州市常务副市长等职。家里任何人想利用他的影响办事，谢高华都会特别关注，甚至可以说是警觉，了解到之后第一时间制止。他要求弟弟转业后当农民，坚决制止儿子经商。按照当时的规定，入伍时是农民的，退伍后都要回原居住地参加农业生产，弟弟就属于此类情况。小弟想让时任县委副书记的哥哥安排个工作，谢高华拒绝了，他向弟弟解释："县里有500多名退伍军人，如果我给弟弟安排工作，其他人要不要安排？"最后弟弟还是回老家做回了农民。"为了公家的事情可以奉献一切，但是谋取私利的底线，他绝不会突破。"

张彪，新疆维吾尔自治区石河子市人民检察院检察员，他调查并推动了浙江张高平、张辉案件再审，五年间调取材料、奔走申诉，为两名当事人昭雪，这一案件被法学界认为具有严防冤假错案的风向标意义。在他的工作中，始终如一地坚持把公平正义作为最高追求，恪尽职守，秉公办案，在工作岗位上认真履职。

（二）慎利

古语有言："天下熙熙，皆为利来；天下攘攘，皆为利往。"面对功名、地位、钱财的诱惑，一有不慎就可能失去底线。

东晋时期的吴隐之从小博学多才、严于律己，有"儒雅"之名。为官之后他也一直清正廉洁，女儿出嫁时都没有宴请宾客，也没有置办嫁妆。隆安年间，朝廷任命吴隐之为广州刺史，那时的广州虽是蛮荒之地，多有瘴疫，但盛产奇珍异宝，所以去那里做官的人都指望借机大捞油水。吴隐之赴任路上，到了离广州城20里的石门，有一处山泉，被当地人

称为"贪泉",据说喝了这泉水就会变得贪婪无比。他对家人说:"如果没有贪婪的欲望,就不会见钱眼开。过了岭南就会失去廉洁这种话是无稽之谈。岭南物产丰富,容易让人丧失操守,我看得很明白,你们也要警惕。"他走到泉边舀起水喝了一大口,作《酌贪泉》诗云:"古人云此水,一歃怀千金。试使夷齐饮,终当不易心。"吴隐之一家在广州生活清苦,吃着粗茶淡饭。几年之后离任时,只带了几件简单的行李,他的妻子偷偷买了一斤当地特产沉香,半路上被吴隐之发现了,他十分生气,马上拿过来扔到了水里。吴隐之在广州的治理很有成效,风俗日趋淳朴,晋安帝称赞他"处可欲之地,而能不改其操",为表彰他"革奢务啬,南域改观"的政绩,升他为前将军,赐钱五十万、谷千斛。吴隐之出淤泥而不染,面对唾手可得的利益仍然能坚守操行,真正做到了慎独。

中唐时期嘉兴的陆贽,在历史上是有名的一代贤相。苏轼就是陆贽的"铁杆粉丝",认为他"才本王佐,学为帝师",有治国安邦之才。陆贽18岁就高中了进士,被任命为华州郑县的县尉,后来回乡探母的途中,拜访寿州刺史张镒,两人促膝长谈数日,相见恨晚,张镒认为陆贽很有才能,视其为忘年交。陆贽辞别之时,张镒赠钱百万,请作为太夫人一日饭食之费。陆贽婉言拒绝,只收下了一串茶叶。多年后,陆贽的母亲病逝,他在洛阳丁忧守孝,各地官员、商贾纷纷前来拜祭,携带重金厚礼,陆贽一概拒收。陆贽一向廉正,皇帝甚至担心他"清慎太过",未免不通人情,对他说"卿清慎太过,诸道馈遗,一皆拒绝,恐事情不通",建议他不妨接受一些小物件,比如靴鞭之类。陆贽却不同意,认为"贿道一开,展转滋甚。鞭靴不已,必及金玉。目见可欲,何能自窒于心!已与交私,何能中绝其意!是以涓流不绝,溪壑成灾矣"。

（三）慎顺

古话说"艰难困苦，玉汝于成"，艰难困苦给人磨砺，而当一个人太顺利的时候，容易丢掉内心的清明，因而要警惕人生太过顺遂。

钱锺书幼承家学，学识渊博又很有天赋，可谓少年得志。他因此自恃聪明，爱露锋芒。有一次，小伙伴给钱锺书送来一幅春光图，他灵感一来就作了几行文字，父亲钱基博看到儿子字里行间颇为自满，以春花之绚烂比喻自己才华横溢，大器早成，不免生出担忧，于是对儿子写下告诫："汝在稚年，正如花当早春，切须善自蕴蓄。而好臧否人物、议论古今以自炫聪明，浅者谀其早慧，而有识者则讥其浮薄。语曰：'大器晚成。'蓄之久，而酝酿熟也。又曰：'小时了了，大未必佳。'发之暴，而酝酿不熟也。如锦侄绘此贻汝，非必喻汝少年身世之生意洋溢，或亦有所讽耳。汝不可不知此意，切切。"父亲告诫钱锺书不可"自炫聪明"，一个人的思想只有经历长久的积累才能慢慢地酝酿成熟，发展得太快了，就会酝酿得不成熟。

顺境也源于自己或家族已有的成就。若安于享乐，以为眼前的繁华都是理所当然，那么"忽喇喇似大厦倾"可能已经并不遥远了。

曾国藩的弟弟曾国荃背靠哥哥这棵大树，初期一直顺风顺水。曾国荃性格鲁莽跋扈，面对哥哥的规劝，他却不以为然，说如今已经是"势利之天下，强凌弱之天下"，认为自己现在很强，以后也会一直这么强，必能功成名就。曾国藩多次劝诫弟弟和家人要低调谨慎，"今日我处顺境，预想他日也有处逆境之时"。曾国荃颇有才智，骁勇善战，虽也曾荣耀一时，但政绩平平，还落得贪名，最终未能从将领转变为重臣名士，是不听哥哥的劝诫，只看一时之势、贪一时之利的缘故。

献身"两弹一星"事业的于敏院士，曾获得"共和国勋章"等国家至高荣誉。没有骄傲自满，不愿自显，于敏和家人都是如此。1987年于敏获得"全国劳动模范"称号，儿子于辛在学校黑板报上看到"向于

敏同志学习"、"向劳模学习"，便兴冲冲地跑回家告诉家人，结果父亲只淡淡地说了几句，于辛看到父亲的反应，反倒觉得自己是不是大惊小怪了。获得"两弹一星功勋奖章"时，于敏心中高兴，但也只是一家人吃顿饭庆祝一下而已，后来家里就没再提起这件事。于敏获得国家最高科学技术奖后，于辛第一次接受电视采访，于辛的同事、同学看了节目才知道他多年来一直深藏不露，竟然是大科学家的儿子。于敏家中客厅挂着一幅字——"淡泊以明志，宁静而致远"，这成为他人生的真实写照。

四、慎为

慎初、慎独关乎人的选择和内心，慎为是三思之后的明智。孟子说："人有不为也，而后可以有为。"智者能够明辨是非，有所为，有所不为。在儒家思想中，"无为"是作为孔子最高政治理想的实现途径而呈现的，其内涵与其字面含义"不作为"完全不同。"无为"思想在儒家经典中的内涵与儒家的核心精神是一致的，与积极入世、修己安人的思想有内在的联系。

（一）慎为师

董仲舒说："善为师者，既美其道，有慎其行。"人生的经历都是可贵的财富，但如果只顾炫耀自身经验，不一定是有益的。不可好为人师，过度干涉。

盲目自信好为人师可能落为笑柄。《宋代轶事汇编》里记载了一个故事，宋朝的一个县令钟弱翁，自以为书法很好，每到一个地方，都喜欢对匾额的字肆意评价，还想办法重立名目换成自己的书法。有次他和一群官员路过山中寺庙，寺中有一幢高耸的阁楼，大家走近去看匾额，上面写着四个字"定惠之阁",署名模糊不清。钟弱翁又对这字一番批评,让寺僧登上梯子取下匾额,寺僧擦干净匾额后,大家细看才发现竟然是颜真卿写的。钟弱翁讪讪,回头说:"这样好的字,为什么不刻在石碑上呢?"这事传出去成了一个笑话,钟弱翁把自己当作行家,最后发现其实是班门弄斧。

学者高铭暄,曾参与中华人民共和国成立后第一部刑法典的制定,获得"人民教育家"国家荣誉称号。他在言传身教中向子女传递人生道理,给幼年时的女儿讲故事时,经常讲起一则寓言:白鹅因为自己的祖先曾经拯救了罗马而傲慢自大,最终却因自己毫无作为而被人类宰杀。女儿回忆道:"现在想想,父亲应该是想告诫我们,哪怕父辈立下再大的功劳,如果你自己没有出息、没有本事自立,终究是难以在世上立足的。"

在高铭暄老师门下受业的学生,去老师家里拜访时曾带上一些小礼物。一个想报考博士的学生去高老师家里拜访请教,带了两盒茶叶,却没想到老师不愿收下:"如果非要我收下你的茶叶,除非你把我们家这箱苹果抱走。"学生抱着苹果失望而返,心里觉得高老师肯定是不愿收自己当弟子了。谁知考试结果出来后,她顺利成为高老师的博士生。之后她才知道,高老师从不让学生花钱买礼物,和学生一起吃饭都是他请客。高铭暄有着自己的师德原则,不收礼物,但他也并没有义正词严地斥责一片诚心的学生,学生临走时塞给学生红包或者送给他们价钱更高的礼物。几次下来,学生渐渐体会到了老师的良苦用心。桃李不言,下自成蹊,德之休明,没能弥彰。点滴日常,春风化雨,被他的学生们铭记,浸润他们的心灵。他的家风也是"传道"的一部分,影响了一批又一批的学子。

（二）慎为事

人生不同阶段都要谨慎所为,三思而后行。父母长辈自作主张安排

子女的人生，有时并非明智之举。汉乐府诗《孔雀东南飞》记录的故事，反映了封建社会里长辈的过度干涉和控制而导致的悲剧。

《战国策》中的名篇《触龙说赵太后》广为人知。战国时期，秦国趁赵国政权更迭之际兴兵攻打，为解此围需要齐国的援助，而新主政的赵太后溺爱幼子，不愿答应齐国提出的以长安君为质的要求。老臣触龙巧妙劝谏，先说自己年迈体弱，为15岁小儿子求一个王宫侍卫的差事，缓解赵太后的怒气，引出她"男人也疼爱小儿子吗"的问句。接着又说赵太后疼爱女儿燕后，所以虽然想念远嫁的女儿，但也为她长远打算，突出"父母之爱子，则为之计深远"的主旨，最终成功说服赵太后。像赵太后这样的家长自古以来就有不少，过分保护子女，舍不得让孩子吃苦头，殊不知把孩子养成温室的花朵是错误的溺爱，只有让他们经历风雨才能获得历练和成长。

人生不可能一路高歌猛进，暮年之时功成身退、颐养天年，不失为一种无为之为。白居易有诗云："年高须告老，名遂合退身。"古语说："四十仕进，七十悬车。壮则驰趋，老宜休息。"退休之后，以前每天上下班乘坐的马车自然也用不上了，所以"悬车"在家退隐休息。白居易晚年之时，得到新皇帝的赏识，几次请他入京任要职，但白居易都婉拒了。为官多年的他对朝堂的诡谲早已看透，与其卷入尔虞我诈，不如闲居赋诗。白居易晚年所作《狂言示诸侄》写道："世欺不识字，我忝攻文笔。世欺不得官，我忝居班秩。人老多病苦，我今幸无疾。人老多忧累，我今婚嫁毕。心安不移转，身泰无牵率。所以十年来，形神闲且逸。况当垂老岁，所要无多物。一裘暖过冬，一饭饱终日。勿言舍宅小，不过寝一室。何用鞍马多，不能骑两匹。如我优幸身，人中十有七。如我知足心，人中百无一。傍观愚亦见，当己贤多失。不敢论他人，狂言示诸侄。"白居易年老而有知足之心，希望以自己经历给子侄们一些启示，又担心变成啰唆说教，便自嘲为"狂言"。

五、结语：加倍小心总是好的

《国语》曰："慎，德之守也。"修身养德则必有慎。传统社会的"慎"所依据的是封建等级制度下的伦理纲常，而新时代的道德规范有了新的内涵。新时代有新的风貌，开放包容、多元共存的社会环境让人的发展有了更大的可能性。时至今日，"慎"仍然是我们时代精神题中应有之义。欧洲有句谚语说"加倍小心总是好的"。不忘初心，皆从"慎"字上来。保持初心之纯，在人生不同阶段都做到慎初、慎独、慎为，才能"一袭白袍，点墨不留"。

敬慎守德的风气在当代的传承，在每一个个体和小的家庭单位中体现。浙江湖州长兴县的董小白一家获得了 2016 年"全国文明家庭"的荣誉称号。董小白是退休教师，为了自勉，也为了教育子孙后辈勤谨做人，董小白和老伴写下了"诚善勤慎"四字，作为家训，挂在客厅正中。在他们看来，慎是安身之本。现在董家 13 口人四世同堂，和和睦睦。实实在在的家训除了讲在嘴上，挂在墙上，更在生活中处处践行，代代相传。

阿布列林·阿不列孜是一位新疆哈密市的退休法官，他工作几十年间把依法办案、准确定性作为工作本职，经他办理的案件，定性准确，批捕、起诉正确率达到了 100%。他说："我一生谨慎，从未有愧。"他对自己和家人亲属严格要求，坚持依法公正廉洁办理每一起司法案件，从自身做起维护民族团结，努力做焦裕禄式的好干部，被授予"时代楷模"和 2016"感动中国年度人物"称号。

国家发展日新月异，民族复兴伟大事业仍在征途当中，无论个人还是集体，都不可丢掉慎的本色。敬慎尽责，谦虚谨慎，慎处安危，方能行稳致远。

课后资料

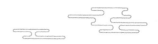

一、课后思考题

1. 请结合诸葛亮《出师表》《诫子书》的内容，分析其家风，探讨家风的重要性。

2. 请结合当今时代精神简述"慎"的三层含义。

3. 《国语》曰："慎，德之守也"。请谈一谈你的理解。

4. 陆贽的故事表现了哪种慎德，在当代有类似的故事吗？

5. 请解释"慎"字的起源，并分析字源背后的文化意蕴。

慎：敬始慎终，行稳致远

二、拓展阅读

1. 《诗经译注》，程俊英译注，上海古籍出版社 2021 年版。

2. 谷衍奎编：《汉字源流字典》，语文出版社 2008 年版。

微课

练习题

省：见贤思齐，修德自省

在山东淄博市万家村，有一座著名的投豆亭。投豆亭得名于村里毕氏先祖毕木，这里是他当年用来投豆的处所。之所以远近闻名，则是因为里面"黄豆记善、黑豆录恶"的自省之法。毕氏后裔正是这样强调自省，重视个人内在修养和品德提升，600余年间人才辈出，廉吏名臣，代有其人，先后出过11位进士，40多位举人，获万历、天启、崇祯三代皇帝封赠、褒奖圣旨33道。

《周易》说：君子"见善则迁，有过则改"。其实自孔子开始，儒家及其他学派的代表人物就十分重视自省。《论语·里仁》记载孔子曰："见贤思齐焉，见不贤而内自省也。"讲的就是看见别人的长处和优点要反省为鉴，来补己之短、提升自己；看见别人的过失要反省自己，避免犯错。孟子提出了"自反""反求诸己"的思想。自反就是自省、反省的意思。王阳明在《传习录》中说："学须反己，若徒责人，只见人不是，不见自己非。"就是要学会反省自己，如果只是推责他人，就会蒙蔽双眼，看不到自身的缺点。儒家认为"自反者，修身之本也"。实际上人与人之间最大的差距不是犯错与否，而是意识到错误出现后，能否做到自省。失败后不自省只是经历，只有与自省结合的失败、错误才是经验。正如慧律法师说："征服世界并不伟大，一个人能征服自己，才是世界上最伟大的人。"这些经典名言，成为历代先贤修身治国的重要思想，成为中华优秀传统文化的重要组成部分。

一、溯源探义说"省"

甲骨文　　金文　　篆书　　隶书　　楷书

省字的甲骨文写法为，金文省字的写法为，字形由上下两部分构成，通常认为，上部应该是表示植物的"屮"，下部是一只眼睛的象形，即"目"。许慎的《说文解字》对"省"字的解释是："视也。从眉省，从屮（chè）。古文从少从囧。"清朝段玉裁《说文解字注》对"从眉省，从屮"注为："屮，音彻。木初生也。财见也。从眉者，未形于目也。从屮者，察之于微也。凡省必于微。故引申为减省字。"屮（chè）字意指草木刚长出来，指用眼睛观察刚长出来的草，意指"省"字非一般之察看，而是观察到细微之处，仔细省察、察视。

后来从"省"字的演变写法当中，上部"屮"字形逐渐演化为"少"字形，下部则演化为"囧"字。囧，并非我们今天理解的困窘、窘迫之意；在古文中，"囧"指的是窗户、窗格明亮之意。因而"古文从少从囧"，意为"从少目者，少用其目省之，用甚微也"。意思是说，眼睛用以观察外部世界，"少用其目省之"，只能是用"心"去省察。自然，省察的对象也不再是外部世界，而是个体的内心，也就是我们每个人自己应该省察、审视我们每个人自己的内心世界。

通过对"省"字演变的溯本探源，我们发现其本义为要察于内，省于微，而且要用心反省，观照自我本性，戒除非分之想。《劝学》中的"君子博学而日参省乎己，则知明而行无过矣"、朱熹的"无时不省察"、王阳明的"省察克治"的思想等，皆是应用"省"之"观察、检视自我"之意。

自省的目的就是"有则改之，无则加勉"，通过不断的自我教育和激励，提升个人的道德水平，实现自我价值。曾子曰："吾日三省吾身：为人谋而不忠乎？与朋友交而不信乎？传不习乎？"具体而言，就是在为人、处事，交友，学习三个方面反省检查。

二、为人、处事见自省

本书前文中指出人与世界的关系，传统哲学将之概括为"天、人、物、我"。四个向度中最核心的是"人"与"我"。仁、义、礼、智、信的道德标准，具体到人生实践中，又可析出内外两条线索。古往今来，要成为有用之人、受到认可的人，就需处理好两个方面：一是与他人的关系；二是与自己的关系。归结起来，于人是"忠、孝、悌、节、养、恕"；于己是"勇、俭、让、慎、省"。在为人、处事中，就是要在处理与他人的关系、与自己的关系的十个方面及时自我反省。自省，就像对镜自照，照出自身不足的地方，予以必要的收拾、整理、改造、消除。只有找到了问题的原因，才能有针对性地改正，获得进步。

省：见贤思齐，修德自省

（一）忠省

忠是一种美德，忠诚、尽职、公正是忠的内在要求，作为一个个体的人，正如前文的忠德体现在要忠于国家、忠于组织、忠于职业。具体而言，忠省就是要比照自身对国家、组织、职业是否忠诚。

忠于国家就是先国后家，因此大禹治水选择三过家门而不入；忠于国家就是要立国谋人，站在国家的角度选择自己的人生努力方向，因此世界著名科学家钱伟长说"国家的需要就是我的专业"，为了国家需要弃文从理；忠于国家就是敢于舍生取义，岳飞精忠报国美传千年，文天祥"人生自古谁无死，留取丹心照汗青"的忠心为国情怀至今读来让人感动。

忠于组织就是要从信，对组织有坚定信念、永不背叛的忠诚。对组织而言，忠诚比能力还重要。关羽千里走单骑就是对组织忠心绝不背叛的明证；忠于组织还要从精，就是要练就过硬本领、有担当重任的能力。"士别三日，即更刮目相待"的吕蒙就是如此。忠于组织，就是要从勤，要有兢兢业业、乐于奉献的精神。"一沐三捉发，一饭三吐哺"的周公的勤奋换来的是天下归心。

忠于职业，就是应志趣相投、爱岗敬业、知行合一。忠于职业，就是应善于总结找规律、善于发现找问题、善于创新找方法。忠于职业，就是应孜孜以求、坚忍不拔、持之以恒。只有做到这三方面，才是对职业的忠诚。

宋末元初的胡长孺深受儒家兼济思想之影响，坚守着治国平天下的初心理想。入元后，作为南宋老臣，他本已选择隐退，但思虑元朝已成定局，多次自省后，想着于国于民，选择入元出仕。胡长孺的行为就是对忠诚的自我反省的一个体现。当然，对忠德不自我反省的人，为历史所不齿，甚至为此丧失生命。在《三国演义》中，吕布就是不忠不义的典型。张飞大骂吕布为"三姓家奴"：吕布本身姓吕，父亲早逝，认并州刺史丁原为义父，后杀了丁原，投降董卓，拜为义父，之后为了貂蝉，又不惜与义父反目，杀了董卓。正是吕布为人不忠不义，反复无常，以至于虽然吕布英勇无敌，有"马中赤兔，人中吕布"之称，但曹操一想到他以往不忠的表现，最终让吕布人头落地。

所以一个志向远大想要做成一番事业的人要经常对忠德进行自我反省：是否做到了忠于国家、忠于组织、忠于职业。当遇到与忠德相矛盾的事情时，要学会及时反省，做出取舍。

（二）孝省

周秉清曾经在《养蒙便读》中讲"侍于亲长，声容宜肃，勿因琐事，大声呼叱"。此言意为对待自己的长辈，声音与神态一定要恭敬、敬重，切勿动辄大声呵斥。孝德具体而言就是敬孝之道、和孝之道与继孝之道。孝省就是作为子女要经常对照这三个方面，反省自己是否做到、哪里做得好、哪里还需要改进。

敬孝之道就是要事亲，体现子女在物质赡养、行动扶养上，都是先孝后己的观念。敬孝之道还体现在乐亲，就是不仅要做到物质上敬养父母，而且要做到关心父母、温暖父母，还应该问候请安，陪伴在父母身旁，为父母分忧解愁，这是内心的诚敬落实到生活的具体方面，正所谓百孝不如一顺。

和孝之道就是要有和道，俗话说没有规矩，不成方圆，讲的就是家中要有以孝为根的伦理家规；和孝之道就是要有和理，面对具体问题具体分析；和孝之道就是要有和情，学会换位思考，共情相处。

继孝之道就是要体现在三个方面：一继其铭，作为后人应该铭记父母的教训、祖上家训；二存其物，用家传方式记录父母的一生；三承其志，父母百年之后，子女还应该继承父母的遗志，显亲扬名，光耀门楣，这是对父母乃至祖先最大和最高层次的孝。

清朝乾隆年间，蒲田有一位名为冯赓的算命先生，相命极为灵验，声名鹊起，赚得盆满钵满。他为自己的家庭算命，算出命中育有两儿，其中一儿将会贵显。可是冯赓几近知命之年时，两个儿子都不肖，终日放浪形骸，赌博坑家，家中钱财不断流失。冯赓无奈地心想：自己算命一直都很精确，为什么到自己这里就不灵验了呀？他打听到武夷山上有一位能测算福祸的道人，就前往探问。道人听后便语："你算自己的命不准，是因为你的命被你的心术所牵动，而改变了。做人不孝是得罪天条，孝道是为人之根本。"冯赓疑问道："我没有做过大逆不道的事情。"道人直言："你的妻妾不贤雅淑德，是因为你放纵他们。你关注妻妾的生活质量，却全然不注意对父母的供奉。饮水思源，你是你父母所生，而非妻妾给予你身体，为什么不思及树木的根本、流水的源头呢？"道人指导冯赓要以爱妻妾之心侍奉父母，才可以平息忤逆天道带来的灾难。当时冯赓只剩父亲在堂，他开始深刻自省，发誓要弥补自己以往的过错，竭诚侍奉父亲。他言传身教，到了后来，他的两个儿子受到他的影响，性情改变，纯良顾家，对他也很孝顺，终于得以保存家业。这个故事就是说明为人子女要对父母孝顺，这是天经地义、合乎道义的，应随时反省自己是否竭诚以待父母，是否恭敬孝顺。

从小我们都习惯将自己的坏脾气留给父母，又是否自省过这样有违孝道呢。孟子曰："世俗所谓不孝者五：惰其四支，不顾父母之养，一不孝也；博弈好饮酒，不顾父母之养，二不孝也；好货财，私妻子，不顾父母之养，三不孝也；从耳目之欲，以为父母戮，四不孝也；好勇斗狠，以危父母，五不孝也。"因此，我们在对父母尽孝方面要自省，有则改之，无则加勉。

（三）悌省

"悌"，即善兄弟也，兄弟姐妹之间要相互关心爱护，这是家族兴旺发达的重要原因。因为曹丕与曹植不和，所以才有了七步诗"煮豆燃豆萁，豆在釜中泣。本是同根生，相煎何太急？"如果兄弟不和，就会让家族四分五裂，走上衰败。兄弟姐妹平辈之间，常常反省是否相互帮助、相互包容、相互团结，只有如此，家庭才能和美，家族才能兴旺。如前文所言，悌德可分为孝悌、忠悌与仁悌三大范围。悌省要以这三大范围观照自己对家庭、对朋友和对天下人是否行悌。

孝悌就是要敬上爱下，弟弟妹妹与哥哥姐姐之间互相爱拂爱护，李勣为姊煮粥焚须和司马光尽心侍奉兄长的故事至今仍广传为佳话，但是不只要反省自己是否具备以上品德，还要避免愚悌，要有原则，劝说错处；孝悌就是要共孝共养，齐心协力侍奉父母，将兄弟姐妹的孩子视若己出，开国大将彭德怀在弟弟牺牲后担负照顾七名侄子侄女的责任便是共养子女的生动实践；孝悌就是要门庭共扶，家人之间，有福同享，有难同当，帮扶发展，促使家庭壮大，但是要时刻反省是否坚守了原则和底线。

忠悌从有血缘关系的兄弟姐妹间的友爱恭敬，也逐渐延伸到了交友的忠心诚心上。忠悌要做到守诺，"一言既出，驷马难追"，诚心相待，信守彼此的约定，正如魏文侯与人约好打猎，忽逢大雨亲赴解释取消，又如关羽与刘备、张飞桃园结义，即使身在曹营，心仍在汉；忠悌要做到守口如瓶，彼此间忠诚，甚至愿牺牲自己的生命为对方守护秘密，汉朝朱震誓死保护友人陈蕃的儿子拒不招供其藏匿的去向，这份情谊比金坚，同手足，让人感怀万分；忠悌要做到守心，朋友遇到困难时自己能挺身而出、拔刀相助、患难与共，王质不计个人利害深情送别范仲淹，巢谷高龄探苏轼却客死他乡，这些真挚情感值得古今称颂。

仁悌跨越家族血缘，情义结于四海之内，便是博爱、济困、行善。仁悌要博爱，"老吾老，以及人之老；幼吾幼，以及人之幼"，因此孙中山先生为革命事业的奋斗践行博爱精神，奉献40年光阴；仁悌要济困，在陌生人危难之时给予温暖与帮助，韩信在困顿之际受老妪一饭之帮助，

在发达之时报其以千金；仁悌要行善，"穷则独善其身，达则兼济天下"，将博爱之心融于志愿服务的具体实践中，范蠡三致千金，却散尽千金，施善乡梓，范仲淹捐宅兴学，体贴穷人，这种广结善缘，多行善事的仁悌之德富有价值，值得传承。

汉朝的时候，有一位叫田真的人，家中有兄弟三人。父母离世后，兄弟三人商量将父母遗留下来的财产，平均分为三份，每人得一份。连家中堂前种的那棵紫荆树，他们也决定要把它分为三份。等到即将动手切割紫荆树的时候，这棵紫荆树突然迅速枯萎了。田真见之，震惊万分，跟两位弟弟说："树木同株，听到自己要被分割成三份，所以才憔悴枯萎了啊！难道我们人却不如树吗？"田真悲恸万分，忍不住大哭，两位弟弟看到田真如此伤心，开始深刻地反省自己，于是最后兄弟三人决定不分割紫荆树了。神奇的事情发生，这棵树一听到田真兄弟说不分割它了，就又复活了。兄弟三人感悟良多，从此兄弟财产共有，而且愉快生活在一起。邻居们都称赞："田真兄弟一家是孝门啊！"要知道兄弟属于天伦之一，与父子夫妇并称为三纲，所以古人将兄弟比喻作手足，而手足就有不相分离的意思！因为分离就会分散，分散就不会和睦，一家不和睦是不会兴旺发达的，我们对待兄弟姐妹要常常反省是否真诚、宽容，是否相互体谅、互相帮助。《弟子规》讲"恩欲报，怨欲忘"，说的就是兄弟姐妹之间要宽容支持和互帮互助，尽到"孝悌"之责任。

因此心怀大爱、包容天下之人一定是先对内秉孝悌之道，家庭和睦；再向外行忠悌之礼，关心朋友；力求对天下怀仁悌之心，博爱四海。关键是从这三个层次中砥砺反省，孜孜进步，这样方可练就一颗满怀仁爱的七窍玲珑心。

（四）节省

"节"，竹节的简称，君子的象征，可引申为礼节、气节、中节。

礼节是个人外在的呈现，气节是个人内在的品质，中节是事前、事中、事后所持的中庸之道。"安能摧眉折腰事权贵，使我不得开心颜"，在面对有失节德时，这是李白的自省。立身处世、持家治业时应谨记自省，当遇到失节的事情，须学会反省，保持正直、淡泊、廉洁的节德，做有高尚品格操守的人。

个人于日常中应坚持生活礼节。在南开学校读书时的周恩来，屋中长久悬挂着要求并检视自己的仪容仪表的一幅字，直到担任总理兼外交部长仍能守节持礼，誓言以自己的形象展现中国的风采；个人在为人、处事中应秉持事务礼节，春秋时期晋齐之争中，晏子巧妙化解范昭在宴席上的挑衅行为，让范昭认为齐有晏子那样的贤臣，此时非攻打齐国的最佳时机，实现了"不出樽俎之间，而折冲千里之外"的壮举；节日活动中应遵循节庆礼节，四季春为先，百节年为首，春节所蕴含的"感恩戴德，崇祖敬天、阖家欢愉"之春色，亘古不变。

气节是中华优秀传统美德的重要组成部分，是个人内在的品质，是做人的高尚品格。持高风亮节是为君节，古之君子尤爱"梅、兰、竹、菊"，所吟咏的诗篇古往今来不胜枚举，又如魏晋时期王昶在《家诫》中有对子侄的教导之语，即"能屈以为伸，让以为得，弱以为强，鲜不遂矣"，方使后辈人才迭出；"出淤泥而不染"是为廉节，几千年的中华历史文化长河里，廉节文化源远流长，前文所提到的子罕以廉为宝、羊续悬鱼、北宋周紫芝灭官烛看家书的故事，都是中国传统廉节文化精神体现，家书家训中多有详记；忠诚不二、百合世好是为贞节，春秋时期的晏子守有贞节，对糟糠之妻不离不弃，不另娶，为后世传颂，而在新时代下，夫妻之间能以贞节束己，更有助于家庭和睦世代为好。

中节是为事之精神，是中庸思想的核心。凡事应三思而后行，需谋事要实，方能运筹帷幄之中，决胜千里之外。马谡不听诸葛亮"坚守城池"之嘱，不听战友王平"扎山下"之劝而鲁莽上山终失街亭；隋朝的短暂而亡与隋炀帝不懂中庸之道，不懂中节为事有重要关系。君子素其位需创业要实，从事何种工作，都不能懈怠。唐朝有名的宰相刘晏任职期间做事认真踏实，亲自详细勘察，疏浚河道，改善航运，方能出现史书上所称的"官获其利，而民不乏盐"的现象。过不推责，做人要实，方是君子之姿。名将冯异协助刘秀建立东汉却能"成不邀功、居安思危"是中节，李离伏剑来承担过错杀人的后果亦是中节。

"礼节、气节、中节"构成我国传统"节德"。中华人民共和国成立以来，"节德"中的优秀家风家训为新时代家风传承与社会主义核心价值观的培育与践行提供了不懈动力。

唐朝大诗人白居易担任杭州刺史的三年非常廉洁，从未收过任何贿赂或向他人索取过财物和贵重物品。离任之后，白居易在行李中发现了到杭州天竺山游玩时捡到的两块石头，虽然山石不值钱，但自己拿走它们，像是贪污了千金，有损自己的名声，于是，写下《三年为刺史二首》（其二）"忏悔"。其诗曰："三年为刺史，饮水复食叶。唯向天竺山，取得两片石。此抵有千金，无乃伤清白。"这就是对节德深刻的自我反省，所以白居易清名传千古。

（五）养省

古人言"子不教，父之过"。从父母与孩子之间的关系来看，"养"指的是对孩子既要养其身，又要育其心。"养"包含了物质和精神两个方面，父母养育孩子要实现养其身和育其心，具体可以从三个方面展开，分别是"养体""养智"和"养德"。养省就是父母在教育孩子的过程中要常常反省，总结经验，更好地养育子女。

首先是"养体"，"养体"又是由"食养"和"训养"两个部分组成。"食养"追求的不仅是吃饱，同时也要吃好，而"训养"则是父母在日常生活中培养孩子的基本生活技能。《礼记·内则》中的"子能食食，教以右手"，便是最早提到通过饮食习惯、礼仪来教育孩子的文字。

其次是"养智"，即孩子开蒙的"蒙养"，进入学校学习后接受到老师带来的"师养"，以及进入社会，感受的环境对人影响的"染养"。从欧阳修母亲一笔一画的教导，到李叔同先生专心认真讲课，再到孟母三迁为孟子寻一个好的学习环境，环境对孩子的成长又是潜移默化的，这种环境的影响可以是来自家庭内部的氛围，亦可以是来自学校，乃至社会周遭的。

最后是"养德"，当孩子有了强健的体魄，习得了基本的生活技能，得到了基本的知识文化的教育，即对孩子品性的塑造、道德的养成，分别从"教养""礼养"和"行养"这三个方面展开。这是诸葛亮在《诫子书》中提到的"夫君子之行，静以修身，俭以养德。非淡泊无以明志，非宁静无以致远。夫学须静也，才须学也，非学无以广才，非志无以成学"；是"学诗、学礼""有文化，知礼仪"；是荀子说的"人无礼则不生，事无礼则不成，国家无礼则不宁"。言传身教，重在躬行。父母在日常生活中的言谈举止不知不觉地影响并塑造子女的人格。

《太平经·为父母不易诀》中言："人从生至老，自致有子孙，为人父母，亦不容易。"为人父母者要养育好自己的子女，平时的教育就要注重方法，使其各有所成。由此，在教育子女方面要讲究"七不责"：对众不责；愧悔不责；暮夜不责；高兴不责；疾病不责；饮食不责；悲忧不责。就是父母在养育子女过程中学会反省，总结经验，才能让孩子身心健康成长。而"七不责"就是养育孩子最好的反思，学会尊重孩子，才能教育好孩子，让孩子成人成才。

（六）恕省

"恕"，从如从心，是"如心"之意。孔子曾言"其恕乎？己所不欲，勿施于人"，其意为"这就是恕吧！自己不愿意的，不要强加给别人"。

故而"恕"之意可引申为将心比心、推己及人，即用自己之心理、心情去体会他人之心理、心情。因此当我们与他人发生争执时，需要反省自己的对与错，不妨从对方角度出发，推己及人，能近取譬，化干戈为玉帛。恕绝非一味地迁就，它是有原则、有底线的。不恕的情况只有一个，即"违仁不恕"，而能"恕"的情况分三类，即利益之恕、习惯之恕和过错之恕。恕省就是经常比照这三个方面反省自身是否做到了宽恕。

利益之恕就是各为其主尽忠可恕，正所谓"物各为主，无所责也"；利益之恕就是各谋其利合理可恕，"人非利不生"，求利是人的本性，是人类生存的基本技能，只要不违背道义的"合理利己"可恕；利益之恕就是各护其爱执中可恕，"护短"是人之常情，只要不是一味地"护短"可恕。

习惯之恕就是风俗不同冒犯可恕，中国地域广袤，自然环境和社会环境千差万别，各地风俗大相径庭，因此风俗不同可以宽恕；习惯之恕就是礼节不同争执可恕，在一些特殊的情况下，如果对方冒犯了一些礼节，我们也应该尽量容忍和宽恕。

过错之恕有三：一是知错能改的人和行为可恕，对于勇于改过的君子，我们要容人之错，宽容以待，不求全责备；二是方式方法过分的直言规谏可恕，有的下属提的意见听起来不太顺耳，但有利于工作推进，对于这些动机正确而进谏方式犯错的正直之人，上级应当予以宽容和谅解；三是认知不同所造成的冒犯可恕，在认知不同情况下有所冒犯，不应该怪罪，因为不知者不罪。

说起唐太宗李世民和诤臣魏徵，想必大家都是不陌生的。在这对传奇君臣身上，还有一个小故事：在一次早朝后，唐太宗很生气地回到了内宫，刚看见妻子长孙皇后，就气冲冲地骂道："总有一天，我要杀死这个乡巴佬！"长孙皇后很少见唐太宗这么生气，就问他："不知道陛下想杀哪一个？"唐太宗回答："还不是那个魏徵！他总是当着大家的面侮辱我，实在让我无法忍受！"长孙皇后听了，一声不吭，回到自己的内室，换上了朝见用的礼服，向太宗下拜。唐太宗惊奇地问道："你这是干什么？"长孙皇后回答："我听说英明的天子才有正直的大臣，现在魏徵这样正直，正说明陛下的英明，我怎么能不向陛下祝贺呢！"这一番话可谓是醍醐灌顶，李世民开始反省，意识到了自己作为一个君主面对进谏方式直接却正直忠心的魏徵应该多一些宽恕包容。贞观十七年（643），魏徵因病去世，曾经想要杀死他的唐太宗，此时却非常难过，他流着眼泪说："以铜为镜，可以正衣冠；以古为镜，可以知兴替；以人为镜，可以明得失。"魏徵死后，唐太宗一直用这句话提醒自己，开创了大唐的第一个盛世，史称"贞观之治"。

（七）勇省

"勇"，气也。说起"勇"字，多认为勇敢，从"勇"的字形出发，有三种不同的层次：从甬从力，从甬从心，从甬从戈。其意分别为力大者为勇，节外物智取为勇，豁然迎困为心勇。勇并不是盲目悍勇，有勇而无谋是为莽汉。勇之美德体现在勤勇、智勇与谋勇。故兼顾勇气的同时，需要勇省，反省自身是否在力行之勇、心智之勇、筹谋之勇方面做到了极致。

勤勇，勤在学，克服身心倦怠发奋读书，学习悬梁刺股、囊萤读书、凿壁偷光、牛角挂书等故事中的刻苦态度；勤勇，勤在思，学后善思，活学活用，进行发明创造或钻研医学等有益于人类进步的技术，仓颉造字、蔡伦造纸、华佗发明麻沸散等经典故事早已表明勤思之奥妙；勤勇，勤在为，勤学与勤思后要懂得应用于实践，方可真正学到知识技能，祖逖与刘琨闻鸡起舞、徐立平雕刻火药都是勤勇的具体阐释，也是工匠精神的生动诠释。

智勇，智在断，用心智判断事情状况并把握有利时机，及时作出决断，

如班超出使西域，果断歼灭匈奴解除西域被控制的风险；智勇，智在处，处理好自身社会关系，与君子、小人取适宜的相处之道，如郭子仪生病时奸臣卢杞前来探望，其嘱咐家人闭门不出，因担心卢杞在其走后会伺机报复，又如张居正隐忍多年，积蓄力量，配合皇帝一举歼灭奸佞之臣严嵩；智勇，智在挫，面对荣辱豁达，面对年华衰老，面对生死离别，真正的勇者处世而不惊，始终保持内心畅达，62 岁的苏轼被贬儋州仍怡然自处，刘禹锡留下"莫道桑榆晚，为霞尚满天"，尽显晚年之达观，庄子看淡生死，超然物外，面对妻子死讯，鼓盆而歌，此种勇气传唱千古。

谋勇，谋在势，个体行事依据环境大势、形势所趋，才使人事半功倍，有所成就，纵横家张仪审时度势，首创"连横"的外交策略，游说六国，终助秦王成就霸业；谋勇，谋在略，依据大势确定目标之后，需掌握具体规律，步步为营；谋勇，谋在气，"天地气合，万物自生"，成大事者懂得谋聚人气，礼贤下士，周公吐哺因害怕错失人才，曹操烧信以谅解通袁之才，皆是谋气之举。

由此观之，一个人要想成为一位真正的勇者，仅靠身强体壮是不行的，还要对自身品德进行积极反省，反省自己是否做到了勤勇、智勇与谋勇，在这三大路径上不断前进，以力行之心勇敢面对，以智谋之姿迎面困境，以筹谋之道乘风破浪。

（八）俭省

"俭"是中国传统文化中传播最为广泛，普及最广的美德之一。俭不只有物质上的俭，更应有精神上的节俭。节俭是在物质上的节省有度，约俭是精神上的自我约束，克己约身，谦俭是人际交往中的谦逊有礼。当节俭、约俭、谦俭体现在个人自身时，以俭养德便是俭省的重要方式。

节俭是懂得"思粥饭来之不易"的食俭，因而古时身居宰相的王安石会在胡饼宴上对年轻人不知节俭、不明兴国立业的行为表示愤嗤；节俭是懂得"成由勤俭败由奢"的用俭，牢记商纣王因荒淫无度走向灭亡的必然，因而勤俭节约的思想风范便是激励着一代代人奋斗、战胜贫穷、迈向富裕的宝贵精神财富；节俭是懂得"俭以成廉，侈以成贪"的仪俭，因而才会有东汉名臣第五伦在言传身教之下"为官清廉，节俭持家"的门风代代相传。

克己惜时是为约俭，古有唐朝王贞白道出"一寸光阴一寸金"的惜时真谛，而今出现了无数为中国航天电子工业的发展而艰苦奋斗的科技工作者在与时间赛跑；养心节欲是为约俭，王献臣花16年心血建拙政园，竟被儿子"一掷千金"的豪赌顷刻输尽，便是不懂禁欲的结果；节怒俭德是为约俭，俭于忿怒，方可免除怨尤，汉魏之际政论家桓范早就有言，需明修身齐家治国之道理，而克己谓之首，而唐朝名将郭子仪因懂得约束欲望情感，才能在卢杞担任宰相之时使全家幸免于难。

"君子讷于言"得君子之风度者，需对上尊、对下谦、对平让、质于言、行谦俭。对上需尊，君子以俭德辟难，古时刘邦能在杀机四伏的鸿门宴上成功脱身，其重要原因是自身所蕴含的谦逊之"俭德"；对下需谦，谦卑俭德之人，方得他人之敬佩，便能汇聚百川的江海，是人心之所向；平者需让，"光而不耀，静水深流"是老子《道德经》的处世至理，炫耀是个人灾难的开始，而张良深谙功遂身退的道理，方能成为"留侯"。

《薛文清公读书录》有言："节俭朴素，人之美德；奢侈华丽，人之大恶。"不论是王侯将相，还是普通百姓，奢侈会激发出人的巨大欲望，生而为人要懂得自省，克己勤俭，从物质到精神不断修炼自己，达到君子的境界。

（九）让省

"谦让"自古便是美德之一，步步紧逼总会使事情落入无法挽回的

地步。正如前文所言，让体现在谦让、忍让、退让上。具体而言让省就是要比照自己对他人、屈辱、功劳是否发自内心地让。让省就是经常反省是否做到了谦让、忍让、退让，有道是站得高看得远，让一步也是更好纵观全局，为双方谋取共同利益。

谦让首先是序让，即对先后次序的让，因此在物质上，南朝名臣王泰在面对兄弟抢食时，会食于人后，精神上，范仲淹先天下之忧而忧，后天下之乐而乐；再者谦让还体现在利让，即把大的利益让给别人，因此战国四公子之一的孟尝君，让出百姓拖欠的债务，不仅得到民心，还寻得了安身之地，五代名士张士选让出了自家之产，不仅让家庭和睦，还获得了孝悌之名。

忍让就是要忍让语言的挑衅。良药苦口利于病，忠言逆耳利于行。汉高祖刘邦在面对陆生的批评时能够欣然接受，从而为汉朝的强大奠定基石。忍让还要忍让不公的待遇，忍得世间诸多不公，方能成为人上之人。名人志士懂得忍让，能感化一方百姓，商贾人家懂得忍让谦和，生意才能红火。忍让就是要忍让行动的屈辱，能屈能伸，方为丈夫。韩信忍得胯下之辱，方才投身军中成就不世之功。

推让首先是辞让，是别人给予地位、名誉时推而不受。推让还表现为贤让，将本该属于自己的地位、财物赠予或分予他人。推让还可以是隐让。德高望重之人辞去地位之后，往往会选择隐居，不给上位之人造成困扰。唯此三让行其一，方能称为推让。

所以，无论身处何地，从事任何职业，切忌斤斤计较，贪图蝇头小利终将因小失大，因此若要成就大事业，就要时常对让德进行自我反省，反省自己是否做到谦让、忍让、推让，当遇到与让德不合的事情时，要学会及时反省。

（十）慎省

"小心行事"总归于一个慎字。前文中的慎分为慎初、慎独、慎为三方面。具体而言就是君子贵始莫失足、暗室不欺诚于心、知止无为而后得。

慎初就是慎的要求起于初始。慎初首先要慎染，环境的熏染会不知不觉地影响人的品性，因此有孟母三迁，择邻而处。慎初还要慎友，就是要择良友而交，曾国藩有言："一生之成败，皆关乎朋友之贤否，不可不慎也。"慎初还要慎微，就是在细微之处也谨慎对待。千里之堤毁于蚁穴，周幽王烽火戏诸侯，最终灭亡，令人唏嘘。

慎独就是要慎权，古往今来有多少人在权力中迷失自己，为官之人必须谨慎使用手中的权力，东汉大儒杨震"四知却金"的美谈便是慎权的最好诠释；慎独还要慎利，天下熙熙，皆为利来，天下攘攘，皆为利往，嘉兴陆贽清廉一生，不为利往，得贤相之名流芳百世；慎独就是要慎顺，艰难困苦，玉汝于成，若安于享乐，以为眼前的繁华都是理所当然，那么"忽喇喇似大厦倾"可能已经并不遥远了。

慎为是三思之后的明智。慎为一方面是为师，董仲舒说："善为师者，既美其道，有慎其行。"为人师者切忌盲目自信，易沦为笑柄枉为人师。遵守师德，以身作则，用自己的实际行动来默默地影响学生，传道授业解惑，方为人师之道。慎为的另一方面便是为事，无论何时做何事，都需谨慎所为，三思而后行，人生的任何阶段做事都能够谨慎做出最合适的选择，方为慎为。

曾国藩在做京官的时候，因经常批评朝廷那些官官相护的现象，进而得罪了众多大臣和地方官绅，因此处处受打压。咸丰刚刚登基时，他更是直言不讳地在朝堂上批评皇帝："小事精明，大事糊涂。徒尚文饰，不求实际。刚愎自用，出尔反尔。"咸丰皇帝听后怒不可遏，非要降罪于曾国藩。后来还是季芝昌等大学士求情，曾国藩才躲过一劫。曾国藩

在家反省了两年，在研读了老庄后，明白了自己处处碰壁的原因就是不懂得慎言。再次出山后，曾国藩处事风格大变，对待别的官员，说话委婉温和，不再疾言厉色。史上因乱说话惹来祸端的，不胜枚举，更有杨修等人，为此而丢掉性命。能够管住嘴，其实是一种高级的处世法则。心存善念，嘴上则能留德。话出口前，会顾及他人感受；而任言是非，终会伤人又伤己。"行事不可任心，说话不可任口"，能够守好心，管住嘴，福虽不至，祸已远离。

人的一生，慎之一字贯穿始末，一个人成就事业的大小与其谨慎程度成正比，因此需要对慎德时时进行自我反省，反省自己是否做到慎初、慎独、慎为，当遇到有违慎德的事情时，必深刻自省，省慎也是通过心真正度量，谨言慎行。

三、交友之道需自省

海内存知己，天涯若比邻。朋友是人生当中不可或缺的宝贵精神财富。孔子讲："无友不如己者。"要经常看到朋友的长处，在交朋友的时候对待朋友要诚信，只有对朋友真诚才能交到良师益友。当然真诚交友，也可能会交到损友。朱熹在《训子从学帖》中说："大凡敦厚忠信，能攻吾过者，益友也；其谄媚轻薄，傲慢亵狎，导人为恶者，损友也。"因此在交朋友时也要常常反思，交到益友，愈加珍惜，相互提升；交到损友，要及时离开。俗语说："与善人交，如入芝兰之室，久而不闻其香；与恶人交，如入鲍鱼之肆，久而不闻其臭。"袁了凡在《训儿俗说》中说："至于朋友之交，且宜慎择。"即交友抉择尤为重要，朋友的性质将会影响我们的生活。

（一）近益友

曾国藩的家训中曾记录"八交九不交"的交友准则，善交八种益友，即善交德盛者，善交胜己者，善交有孝心大义者，善交诤友者，善交趣味者，善交能共苦又同甘者，善交志趣远大者，善交愿吃亏者。"友直，友谅，友多闻，益矣。"孔子也教导弟子交友要交正直、诚信、知识广博的朋友。与朋友交往时，我们要明辨是非，以益友的标准规范自身，反省自己是否诚信宽容，是否与朋友互相学习、互相进步。

宋朝时，益州有位叫张咏的人，学识渊博，才智过人。有一回，宰相寇准专程设宴款待他，希望能给自己一些建议。张咏知寇准不喜读书，学识一般，就委婉地说："《霍光传》，不可不读。"寇准听后，不解其意，待回到相府，翻出《汉书·霍光传》。猛然看到"不学无术"四个字时，才幡然醒悟：这些年来，他一直忙于政务，疏于读书。于是，他给自己立下规矩，勤加念书。寇准的自省使他在朝堂之上获得了越来越多的赞许。

（二）远损友

张习孔在《家训》中说："吾人防患，首在择交。所交非人，未有不为其所累者。"袁了凡在《训儿俗说》中说："至于朋友之交，且宜慎择。"对于古人来说，如果交友交得好，意气相投，相谈甚欢；如果交友交得不好，就会受友连累，毁及自身。足可见交友之重要性。结交朋友时，我们也应反省善思，反省自己是否哪里做得不正当，是否对朋友真诚以待，以义交而非以利往。当遇到损友，应及时止损，回归本心，做到"损友敬而远"。

割席断交的典故出自《世说新语·德行十一》，用来比喻朋友间的情谊一刀两断，朋友之间中止交往，或中止与志不同、道不合的人为朋友。一日，管宁和华歆同在园中锄草，看见地上有一片金，管宁仍旧挥

动着锄头，和看到瓦片石头一样没有区别，华歆高兴地拾起金片而后又扔了它。又有一次，他们同坐在同一张席子上读书，有个坐着有围棚的车穿着礼服的人刚好从门前经过，管宁还像原来一样读书，华歆却放下书出去观看。于是管宁就割断席子和华歆分开坐，说："你不是我的朋友了。"管宁、华歆二人在锄菜见金、见轩冕过门时的不同表现，既显示出二人德行之高下，也可以让我们明白，不同道终究无法成为朋友，继续交往只会徒增痛苦。时刻反省能够让我们的交友更加正确。

弘一法师语："以探讨之谊取友，则学问日精；以慎重之行利生，则道风日远。"朋友相识，贵在相知，即知心、知情。结交朋友应该真诚、真心，不可阿谀奉承、趋炎附势，此为对自我待友的反思。而当遇到损友与自己交往时，应该反省自己的交往方式，不抱怨，敬而远离，再去考究自己是否做到"借以检点自慎"。

四、学习进取多自省

（一）温学

《朱子语类》卷六六说："若只看过便住，自是易得忘了，故须常常温习，方见滋味。""自省"则是在行勤勉求学之时，以达温习之目的。读书常需温习，若对已学知识不加巩固，无疑是走马观花，亦步亦趋，终不得其滋味。苏轼也曾强调"旧书不厌百回读，熟读精思子自知"，书读百遍，便有书常读常新之态。

昭公十九年（公元前533），孔子拜师襄子为师，请教有关弹琴的学问。师襄子先弹奏了一曲，待他弹完便将孔子引入后轩中，让孔子习琴。孔子一连三日练习师襄子所教的曲子，没有再学习新的内容，师襄子听孔子曲调已经弹熟，便说："词曲你已弹熟，可以学新曲了。"孔子说：

"感谢夫子教诲，但技巧我还不纯熟，容我继续练习。"又是三天过去了，师襄子听着后轩中孔子的琴声技巧纯熟，音调和谐，韵味无穷，不断点头赞赏，便说："所有技巧你已经掌握了，可以学习新的内容了。"孔子日日自省，认为还有待提高，于是回答："我的指法技巧虽已练熟，但还没领会曲子的志趣神韵，更未体察到作曲者的为人，请容我再练三日。"孔子习琴的第十天，师襄子站在一旁听得如醉如痴，而孔子在弹奏中由于受到乐曲的感染，有时进入深沉的思考，境界有时感到心旷神怡，胸襟开阔。他激动地说："我弹着弹着就体察到作曲者的为人了，那个人肤色黝黑，身材魁梧，眼光明亮而高瞻远瞩，性情温柔敦厚，好像有着统治天下的帝王气魄，除了文王谁还能创作出这样的乐曲呢！"师襄子闻言连忙从坐席上站起来，向孔子施礼道："此曲正是文王所作，名《文王操》，仲尼你真是聪明过人，一下子便悟到了周乐之精义。"可见勤以治学之人也需以温习为常态，温故而知新，才可以为师。不断地自反自省，才能领略书之奥义，并从中领悟新的学问。

（二）精学

《易》云："日新之谓盛德。"学者一日必进一步，方不虚度时日。人要想不断地进步，便需不断地精进自己的学问，从中获取新的感悟与体会。亦如韩愈于《进学解》中之诲："业精于勤，荒于嬉；行成于思，毁于随。"他告诫人们应以温习为本，勤勉温故以达精进。学习应在精进学问中汲取更多的养分，去向深处挖掘，攫取精髓，获取更高层次的感触，达到精学之境。

"精进自省"之风其实可以追溯到夏商时期。儒家经典《礼记·大学》中便有详细记载："汤之盘铭曰：'苟日新，日日新，又日新。'《康诰》曰：'作新民。'《诗》曰：'周虽旧邦，其命惟新。'是故君子无所不用其极。"大意是商朝的开国君主汤在"盘"（一种盛水器

皿，这里特指澡盆）上刻了告诫自己的铭文：如一天能够自新，则应该天天自新，新了还要更新。《诗经》上讲："周国虽是旧的邦国，但文王、武王能够自新其德并博施于民，因此可以秉承天命、建立周朝。"

康熙《庭训格言》中也载有君子进学、精学之态："朕自幼读书，间有一字未明，必加寻绎，务至明惬于心而后已。不特读书为然，治天下国家亦不外是也。"此篇家训记载，康熙帝自幼读书，其间或有一个字未能明白，必然加以推寻演绎，向精进之境探求，务必达到明了惬意而后结束。其实不仅特指求学，治学过程中也应如此，投诸治理社会、治理国家这般上层建筑，也无外乎如此。由此可见，仁人志士无时无处不在反省自己的过失、反思自己的不足，在秉持"日日新，又日新"的精神操守、执着追求中精进学问，追求真知。

五、结语：反省是人生的一面镜子

海涅曾说："反省是一面镜子，它能将我们的错误清清楚楚地照出来，使我们有改正的机会。"

英国一座教堂前，有一块举世闻名的墓碑，它看起来平平无奇，甚至连墓主人的姓名也没有，但就是这样一块无名的墓碑，却影响了无数人。它的墓志铭是这样写的：当我年轻的时候，我梦想改变这个世界，当我成熟以后，我发现我不能改变这个世界，我将目光缩短些，决定只改变我的国家，当我进入暮年后，我发现我不能改变我的国家，我的最后愿望仅仅是改变一下我的家庭，但是，这也不可能，当我躺在床上，行将就木时，我突然意识到：如果一开始我仅仅去改变自己，然后作为一个榜样，我可能改变我的家庭，在家人的帮助和鼓励下，我可能为国家做些事情，然后，谁知道呢？我甚至可能改变这个世界。

时刻自省，深度反思自己的言行举止与品德修养，修身养性，实现不断的自我教育与激励，从而在为人、处事，与朋友交，学习三大方面达到更高的境界，改善不足，成人成己。正如有句格言说："如果每个人都能把反省提前几十年，便有 50% 的人可能让自己成为一名了不起的人。"

课后资料

一、课后思考题

1. 自省在个人成长中的作用是什么？结合相关内容，谈谈自省如何帮助个人在道德、才能和人际关系等方面取得进步。

2. 如何理解"见贤思齐焉，见不贤而内自省也"这句话？举例说明在日常生活中，我们如何通过观察他人的优点和缺点来进行自我反省和改进。

3. 忠省、孝省、悌省……哪些品质对你来说最重要？为什么？反思自己在这些方面的表现，并提出具体的改进计划。

4. 结合书中的故事和名言，谈谈你对"自省"的理解和实践。选择一个你印象深刻的故事或名言，分享你从中得到的启示以及如何在生活中应用自省。

5. 如果你有机会给古代的某位贤人写一封信，你会告诉他／她关于自省的什么心得？选择一位你敬仰的贤人，结合本书内容，表达你对自省的理解和对他／她的建议。

二、延伸阅读

1.《论语》，杨伯峻，杨逢彬注译，杨柳岸导读，岳麓书社 2018 年版。

2.《孟子》，杨伯峻，杨逢彬导读注译，岳麓书社 2021 年版。

微课

练习题

参考文献

《论语》，杨伯峻，杨逢彬注译，杨柳岸导读，岳麓书社2018年版。

《孟子》，杨伯峻，杨逢彬导读注译，岳麓书社2021年版。

《周礼·仪礼·礼记》，陈戍国点校，岳麓书社2006年版。

白奚，蔡清生：《忠恕之道：普遍伦理及全球价值的发展动向》，《探索与争鸣》2000年第5期。

蔡礼旭：《孝悌忠信：凝聚中华正能量》，世界知识出版社2014年版。

陈立胜：《〈论语〉中的勇：历史建构与现代启示》，《中山大学学报（社会科学版）》2008年第4期。

范聪雯：《贵学重德示儿知——陆游与陆氏家风》，大象出版社2017年版。

范立本：《明心宝鉴》，东方出版社编辑部译，东方出版社2014年版。

谷衍奎编：《汉字源流字典》，语文出版社2008年版。

郝玉明：《慎德研究——以儒家传统为中心》，中国社会科学出版社 2015 年版。

何彦彤：《国之本与德之则——试析儒家"恕"观念的起源与义涵》，《社会科学论坛》2019 年第 5 期。

洪应明：《菜根谭》，艳齐校订，中央民族大学出版社 2004 版。

蒋东平：《中国人恕道的心理学研究》，南京师范大学硕士学位论文，2011 年。

黎昕：《朱熹对儒家忠恕思想的阐发及意义》，《朱子学刊》2004 年第 1 期。

李承贵：《"忠"的历史演变及其现代启示》，《探索与争鸣》1999 年第 3 期。

李学勤主编：《字源》，天津古籍出版社 2013 年版。

刘宝楠：《论语正义》，中华书局 1990 年版。

刘未鸣，詹红旗：《大师们的家风》，中国文史出版社 2019 年版。

刘向：《说苑》，王天海，杨秀岚译注，中华书局 2019 年版。

刘彦学：《经典勤学故事》，东北师范大学出版社 2002 年版。

慕寒：《谋说天下：谋秦》，海豚出版社 2010 年版。

裴传永：《历代释"忠"述论》，《理论学刊》2006 年第 8 期。

裴传永：《中国传统忠德观的历时性考察》，山东大学博士论文，2006 年。

钱穆：《晚学盲言》，生活·读书·新知三联书店 2014 年版。

阮元校刻：《十三经注疏》，艺文印书馆影印本 2001 年版。

山阴金编：《格言联璧》，金缨校注，湖北人民出版社 1994 年版。

司马迁：《史记》，崇文书局 2010 年版。

王成，丁凌：《"忠"自"中"出——兼及〈易传〉"忠"思想起源性著作定位的质疑》，《学习与探索》2017 年第 7 期。

参考文献

王同书，于平：《古今中外妙文点赞》，南京师范大学出版社 2018 年版。

王志彦，于海英：《维护国际和平 寻求普世伦理——论"忠恕"之道与 21 世纪国际和平》，《牡丹江师范学院学报（哲学社会科学版）》2005 年第 3 期。

习近平：《青年要自觉践行社会主义核心价值观：在北京大学师生座谈会上的讲话》，人民出版社 2014 年版。

夏炎：《漫谈古代官场的泄密与保密》，《人民论坛》2009 年第 18 期。

徐无闻编：《甲金篆隶大字典》，四川辞书出版社 2005 年版。

颜之推：《颜氏家训》，北方文艺出版社 2019 年版。

杨树达：《积微居小学述林 7 卷》，中国科学院出版社 1954 年版。

于省吾：《甲骨文字诂林》，中华书局 1996 年版。

于永玉，董玮编：《悌：兄友弟恭》，天津人民出版社 2012 年版。

余英时：《论士衡史》，上海文艺出版社 1999 年版。

袁了凡等编著：《家训宝典》，世界知识出版社 2019 年版。

曾国藩：《曾国藩家书》，王峰注，延边人民出版社 2010 年版。

翟博主编：《中国家训经典》，海南出版社 2002 年版。

张玲，康风琴编：《名贤集·营生集》，新疆人民出版社 2003 年版。

赵永刚，张亚文：《勇的三重意蕴及其当代价值》，《齐鲁学刊》2017 年第 6 期。

中共嘉兴市纪委，嘉兴市监察局：《嘉兴名人家风家训》，吴越电子音像出版社 2016 年版。

中共中央党史和文献研究院编：《习近平关于注重家庭家教家风建设论述摘编》，中央文献出版社 2021 年版。

中共中央文献研究室编：《习近平关于全面建成小康社会论述摘编》，中央文献出版社 2016 年版。

后　记

　　本书为浙江省哲学社会科学重点研究基地文化发展与文化浙江研究中心自设课题"中国式现代化视域下传统家风研究范式建构与当代价值"（2023JDZS07）的成果，由贾文胜总体策划、构思、确定体例并主持写作、修改、统稿、定稿等工作。本书撰写分工如下：

　　贾文胜：绪论；吴可嘉："忠：天下至德，莫大乎忠"一章；唐明玉："孝：动天之德，莫大于孝"一章；杨晶："悌：兄友弟恭，爱传万家"一章；胥玲英："节：砥节砺行，方圆有道"一章；施虹羽："养：生而养之，养而教之"一章；王帅："恕：己所不欲，勿施于人"一章；程亚楠："勇：仁者不忧，勇者不惧"一章；钟雪梅："俭：静以修身，俭以养德"一章；斯竹林："让：礼让成风，和美大同"一章；王承瑾："慎：敬始慎终，行稳致远"一章；潘晓侃："省：见贤思齐，修德自省"一章。另外，潘晓侃在负责统筹协助本书的修改、定稿等方面做了大量工作，方海涛、王晨、赵伯祥、张小虎、李艳平、杨柳、王苏婷对本书写作也有贡献。

家风正则民风淳，民风淳则国风清。本书作为嘉兴南湖学院乡贤与家风研究院的阶段性研究成果，未来将应用于文化传播、教学改革、人才培养、社会服务等方面，希望能为传承弘扬中华优秀传统家风贡献自己的一份力量。限于水平有限，书中难免有疏漏、不当之处，敬请广大读者批评指正。

著　者

2024 年 3 月